心态往往能够决定一个人的命运

积极心态

如何化解内心的焦虑

希文 ◎ 主编

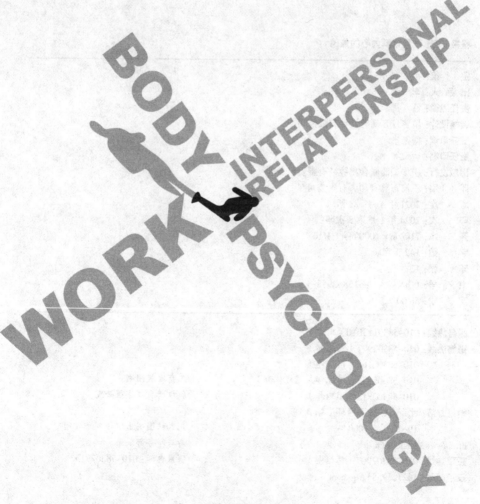

中华工商联合出版社

图书在版编目（CIP）数据

积极心态：如何化解内心的焦虑 / 希文主编 . —— 北京：中华工商联合出版社，2021.1
ISBN 978-7-5158-2953-1

Ⅰ . ①积…　Ⅱ . ①希…　Ⅲ . ①焦虑—心理调节—通俗读物
Ⅳ . ① B842.6-49

中国版本图书馆 CIP 数据核字 (2020) 第 236304 号

积极心态：如何化解内心的焦虑

主　　编：希　文
出 品 人：李　梁
责任编辑：吕　莺
装帧设计：星客月客动漫设计有限公司
责任审读：傅德华
责任印制：迈致红
出版发行：中华工商联合出版社有限责任公司
印　　刷：三河市燕春印务有限公司
版　　次：2021 年 4 月第 1 版
印　　次：2024 年 1 月第 5 次印刷
开　　本：710mm×1000 mm　1/16
字　　数：142 千字
印　　张：13
书　　号：ISBN 978-7-5158-2953-1
定　　价：58.00 元

服务热线：010-58301130-0（前台）
销售热线：010-58302977（网店部）
　　　　　010-58302166（门店部）
　　　　　010-58302837（馆配部、新媒体部）
　　　　　010-58302813（团购部）
地址邮编：北京市西城区西环广场 A 座
　　　　　19-20 层，100044
http://www.chgslcbs.cn
投稿热线：010-58302907（总编室）
投稿邮箱：1621239583@qq.com

工商联版图书
版权所有　盗版必究

凡本社图书出现印装质量问题，
请与印务部联系。
联系电话：010-58302915

前言

人生无常，有得意，有失意，过好每一天，就是过好一生。人生是一种态度，心静自然天地宽。不一样的你我，不一样的心态，不一样的人生。

乐观、悲观都是人的心态。乐观的人凡事都能往好处想，总会抱有希望，因而能享受到生命中的快乐；悲观的人凡事总爱往不好的方面想，一遇到点挫折就悲观绝望，因而常常在无形中浪费了自己的生命，埋没了自己人生当中的快乐。

桌上有一个小面包圈，乐观的人见了喜悦地说，"真好，还有一块面包能吃，一定很好吃。"悲观的人见了，会沮丧地说："只有那么一小块，好吃也吃不饱。"同样是一块面包圈，乐观的人看到了面包的美味，而悲观的人在则看到了那个面包圈不仅很小而且中间还有个洞。

别让心态毁了你，因为一个人生活在这个世上，是不会一帆风顺的，而是会时不时地遇到这样那样的困难、挫折、变故、不称心的人和不如意的事，这些都是人生活中的正常的现象，是个人的力量所不能左右的。但是我们仍需对生活会抱有一种用心、乐观、向上的态度，勇敢地去应对，用心地去解决。

曾有智者这样告诫我们：你改变不了环境，但可以改变自己；你改变不了事实，但可以改变态度；你改变不了过去，但可以改变现在；你不能控制他人，但可以掌握自己；你不能样样顺利，但可以事事尽心；你不能左右天气，但可以改变心情；你不能选择容貌，但可以展现笑容。

人生不能靠情绪活着，而要靠心态去生活。美好的生活应是时时拥有一颗简单自在的心，不管外界如何变化，自己都能有一片清静的天地。清静不在热闹繁杂中，更不在一颗所求太多的心中，放下挂碍，开阔心胸，心里自然清静无忧。

翻开本书吧，阅读之后，你将收获不一样的心态与体验。

目录

第六章　烦恼，没有什么想不开的

第七章　打开心房，让好心态进来

第一章

悲观毁灭人生，乐观成就人生

生命是一面镜子，你笑它也笑，你哭它也哭。的确，生活本是如此，左右它的并非外界的条件或者上天宿命，只在乎你如何面对它。

乐观的人凡事都能往好处想，总会抱有希望，因而更能享受到生命之中的快乐；悲观的人凡事总爱往不好的方面想，一遇到点挫折就悲观绝望，因而常常在无形中浪费了自己的生命，埋没了自己人生当中的快乐。

悲观吞噬人生

一般来说，悲观主要表现为对自己或事物的评价过低；心理承受力脆弱；经不起较强的刺激；谨小慎微、多愁善感，常产生疑忌心理。行为畏缩、瞻前顾后等。

一个外表看上去风光无限的高级女白领，从小出生在一个争吵不休的家庭里，因此从小就很悲观。

虽然她成绩一直在班里名列前茅，但是少言寡语，走在路上，喜欢低着头；在与人交谈时，不敢抬头和对方目光交流；从来不敢带同学回家玩，也从来不敢去同学的家里玩。脸上没有了笑容，9岁就有了这个年龄的孩子不该有的抑郁。

一次，邻家小男孩要与她玩耍，她清晰地听见男孩儿的妈妈说："乖，回家，不要跟她一起玩。她的家庭不幸福。"她从此更加悲观。

高中毕业，虽然她的高考成绩优异，但是她不敢相信自己能取得好成绩，从而报考了省级一所普通的高校。这一步，就与同学拉开了距离。更可怕的是，因为从小在心中扎根的悲观，工作后，也迟迟不敢接过来男同事抛给她的玫瑰，影响了自己的婚姻幸福，因为她感觉自己只是个会给所有人带来负担的人。这种悲观的弱点不仅阻碍了她与同事交往，而且在工作中遇到困难时，也不敢挑战自己。一次偶然的挫败就会令她垂头丧气，一蹶不振，将自己的一切否定，掉进自责自罪的漩涡中。

总之，悲观就像蛀虫一样吞噬着她的人生。一个本来美丽而有才华，本来可以拥有成功的事业和幸福生活的女孩子，就是因为童年时家庭的阴影，使她心中充满了挥之不去的悲观。结果，不但影响她事业的成功，而且还是快乐生活的拦路虎。

由此可见，人一旦掉进悲观的陷阱里，背负上悲观的弱点，对自己的生活会是怎样沉重的影响和打击！

而且，悲观不仅会影响自己的生活，而且也会给他人造成认知上的偏差。悲观的人，不但自己活在看不起自己的阴影里，别人也会因此而看不起你。结果，这种恶性循环的怪圈会让你永世不得翻身。

甚至更为严重的是，一个人如果长期生活在悲观和他人歧视的氛围中，这种悲观心理会大大加强。那些性格偏激的人因为无法忍受歧视会以烦恼、暴怒、自欺欺人等畸形的方式表现出来，那么，会给自己、他人和社会造成一定的危害和损失。他们的生活也注定会是一个悲剧。

由于悲观对个人发展造成的危害性，因此，我们应当采取适当的措施去克服它，认清悲观的危害，让悲观尽早从心头掀掉，从自设的陷阱里走出来。那样，才能享受事业成功和幸福生活的乐趣。

悲观阻碍成功

杰克·韦尔奇在 45 岁就当上了美国通用电气公司的董事长和首席执行官，他被誉为全球第一的 CEO，是当代最成功的企业家。但谁能想到，他小时候却是一个很悲观的人，因为他有口吃的毛病。

有一天，杰克因为口吃被同学嘲笑了一番，他很沮丧，回家对妈妈说："他们都嘲笑我，我是不是很糟糕？"妈妈当然很难过，但妈妈是一个不寻常的妈妈，她一脸欢笑地说："哦！原来你是为这个伤心？这是因为你的嘴没有办法跟上你聪明的脑袋啊！难道你不知道你比其他孩子聪明吗？"

杰克·韦尔奇顿时心里一亮，他从此不再为口吃而悲观了。韦尔奇在通用电气（GE）的 20 年间（2001 年退休），使 GE 的市场资本增长 30 多倍，达到了 4500 亿美元，被誉为"最受尊敬的 CEO""全球第一CEO""美国当代最成功最伟大的企业家"。有意思的是，在他取得了辉煌的成就后，全美广播公司新闻总裁迈克尔甚至用无限羡慕的口吻说："韦尔奇真棒，我恨不得自己也口吃！"

　　也许，并不是每个人都幸运地拥有一个"韦尔奇的妈妈"。当"妈妈"没有悦纳你时，你一定要学会自己来悦纳自己。

　　悲观也许有一些是先天的，但主要还是来自后天。当外界的负面评价如冰雹般砸向你时，是垂头丧气，还是悦纳你自己？

　　悦纳你自己是一个战胜悲观的良药，也是所有强者身上统一的标志。你的出生本来就是一首生命力顽强的证明，你的成长本来就是为了向世界证明你的存在和价值。如此动听的乐曲等着你去谱写，有什么理由不悦纳自我？哪怕你身材不苗条，脸蛋也不漂亮；哪怕你没有高贵的出身，哪怕你没有幸福的家庭，这些都不是构成悲观的理由。重要的是学会悦纳自我。要知道，除了你自己，没有任何人能够看轻你。

　　有一个小男孩是个孤儿，他觉得自己活在这个世界上没有什么价值，没有人爱他，他到庙里的老和尚那里哭诉自己的不幸。老和尚什么也没有说，给了他一块石头，让他到市场上去卖，谁买也不买。在市场上有人觉得好奇，随便给他开了个价钱，他不卖。别人以为这块石头是个宝石，于是价钱越涨越高。第二天，神父让他到宝石市场去卖，由于他始终不肯卖，价钱最高的居然涨了百倍。

　　石头还是那块石头，但随着时间和地点的不同，别人对它的评价却不一样了。那个小男孩认为自己活着没有什么意义，实际是不接纳自己的表现。其实，我们每个人就像是那块石头，如果你认为自己是一块扔在路边没有人要的石头，那么别人也就会认为你一钱不值；如果你认为自己是一块宝石，那么别人也会认为你价值连城。每个人在世界上都是独一无二的，我们要活出生命的价值，要得到别人的尊重，首先要愉悦地接纳自我，并通过各种方式不断完善自己。自然界赋予人有自我意识，就是为了让我们认识、改造世界；认识自我，超越自我。如此重要的使命，当然需要我们精神振作，因而务必悦纳自己。不管遇到什么情况，不管处在何种劣境，人不可自暴自弃。

生命本来就是一个成长变化的过程，不论你是在童年还是少年、青年，甚至中年。你每时每刻都在进行着跨越，每时每刻都会带给人们惊喜的面目。因此，不要活在他人的目光中。别人看不起你没有什么关系，重要的是自己接受自己。不论你遇到什么样的挑战或困境，都要敢于走出悲观的泥淖。不妨告诉自己，你是最棒的，是最优秀的。

有一个女孩子，总觉得不讨别人喜欢，因此很悲观。一天，她偶尔在商店里看到一支漂亮的发卡，当她戴起它的时候，店里的顾客都说漂亮，于是她非常高兴地买下发卡，并戴着它去学校。接着奇妙的事发生了，许多平日不太跟她打招呼的同学，纷纷来跟她接近，一些同学还约她一起去玩，原本死板的她，似乎一下子变得开朗、活泼了许多。但放学回家后，她才发现自己头上根本没有带什么神气的发卡，原来她付钱后把发卡留在了商店里。

小女孩的外表并没有因戴发卡而改变，改变的只是心态，因她的自信满满而让人感到可爱。"人不是因为美丽而可爱，而是因为可爱才美丽"，这句话在她身上得到了验证。所以，无论什么时候，我们都不要讨厌自己，对于那些已经成为无法更改的客观现实，与其整天抱怨苦恼，还不如坦然地自我悦纳，以积极、赞赏的态度来接受自己。

当然，悦纳自己并非简单地自我陶醉。不能因为要"悦纳"自己，而浅薄地一味地沾沾自喜。在悦纳自己的同时，要努力完善自己。如果能认识到这一点，就能在接受自我的平静心态中走向自信的彼岸。

烦恼是最无用的东西

现实生活中，有这样一个很奇怪的现象，我们一生中真正遇到那些大风大浪，重大的事情并不多，倒是常为一些鸡毛蒜皮的小事儿而烦恼。而更为奇怪的是，在面对大事件的事情，我们通常能够应对自若，但面对那些小事儿的时候，我们却时常没有办法很好的解决，常常心烦气躁，苦不堪言。

所谓"千里之堤毁于蚁穴"，说的就是小事儿，其实，很多时候，对我们的生活产生巨大影响的多半不是那些大事件，而是那些微小的事情，也正是这些小事儿，影响了我们的好心态，给我们自己和他人带来很多伤害。

前段时间的"法制进行时"报道了这样一个案件，在一个周末，一家人惨死在家中，无一幸免，其中老人80多岁，孩子最小的才3岁。

这个案件一出，顿时引起一片唏嘘，人们不敢想象究竟是什么人竟能下此毒手，而又是什么人如此嫉恨这家人呢？

不久后案子终于告破，谁能想象到，凶手其实就是这家人的邻居，一个一直很老实的男人。警察询问他为何杀人，他给出的答案更是让所有人都惊讶了。

竟然只是因为被害人家的狗咬死了他家的鸡。

他回忆说，半年前，他家买了一只大狼狗，挺大的也不拴起来，就放在院子里，但是他家的门老是开着，狗总跑出来，好几次都吓着他的儿子和老母亲，几次和他们说，也没见什么结果，不久后，那只大狗竟然跑到他家的院子里咬死了一只鸡，但是他们不但没有赔钱还说我把他家的狗给打坏了，我当时就非常气愤，和他还有他媳妇吵了起来，我母亲去拉架，结果被他媳妇打了一巴掌，事后，他媳妇却说不是故意的，从那天起，我就发誓要替我妈把这一巴掌还回来……

仅仅是那么小的一件事儿，最后却酿成了那么大的一桩惨案，就因为彼此双方都不懂得去宽容。虽然，这并不是一个普通的故事，但从中我们不难看出，一个人若经常为了一些小事儿痛苦，记仇，那么，必定会给自己以及别人带来很大的伤害。

很多人发生了一些事情后，总爱往歪处想，就像故事中的凶手一样，没有办法原谅对方的错过，因为他觉得那并非对方的失手，而是对方有意的，是对自己及家庭的侮辱。所以，一点点的小事儿也可能会成为一些大事的导火索，最后造成不可挽回的后果。为了一件微不足道的小事儿，影响了全局，甚至失去自己的生活或给他人的生命造成威胁，这样值得吗？所以，我们要学会宽容处事，不要为了一些小小的烦恼就幽怨不止，我们可以先转移一些自己的注意力，如果实在气不过，我们也可以去找对方把问题说明白，若对方是个不讲道理的人，我们也可以去找他人与之沟通，总之，千万不要因为一点小误会或小意外而引发了巨大的无可挽回的"灾难"。

烦恼是这个世界上最无用的东西，它既不能解决问题，还会恶化问题。人生在世，就那么些许时光，何必为了一点点的小事就跟自己过不去呢？所以，我们要及时地调整自己的心态，学会宽容对待生活，对他人多一些忍让，不要为了小事情而劳心伤神，当你用宽容的心态去面对这个世界的时候，便会发现，它其实远比你想象中的美好，没有什么问题是不能被解决的！

常怀一颗乐观的心

生活中常常听到很多人说："郁闷！烦……"好像他们每天都被忧愁包围着，总是把很多事情想得很糟。这些人常常因为一点点小事儿，就变得惴惴不安，影响着自己一天乃至更长时间的生活，他们眼里的世界总是灰色的。

的确，很多人都会为自己开脱，眼前的生活不是自己想要，更不是自己不往好处想，而是回归到现实生活中，坏事总是比好事要多。是的，人生中处处充满着曲折，不可能总是遇到好事，很多时候我们没有办法让事情顺着我们的意愿去发展，可至少我们能够改变我们面对生活的态度，让它尽量在我们的思想中变得好一些，只有你愿意那么去想，你便可以改变烦躁的心情，烦躁消失了，你会发现，你的生活其实没有那么糟糕。

人生或喜或悲，很多时候，这并不是由生活来决定，而是心态决定，你开心，你的生活自然会趋向于好的方向发展，反之，你悲伤，生活也会给你悲伤。其实，大多时候的喜悦和悲伤都只是一个过程，简言之，没有谁的人生一直处在开心或悲伤的阶段，无论什么事情，最后都会成为你的记忆，我们如何看待它其实并不重要，重要的是我们能如何保持一个乐观开朗的心态去面对生活，当你抱怨人生不快乐的时候，你有没有想过，其实，人生也在抱怨你，因为你不知道，你的快乐不由人生决定而由你自己决定，你快乐了，全世界也就快乐了。

不可否认，我们没有办法像对待电脑中的文件那件客观对待，但是我们却可以尽量平衡这两者之间的关系，这样，悲观便不会太"苦"，让乐观发挥积极的作用，我们的生活便会朝着美好的一面发展。

有一个老掉牙的故事，虽然故事很老套，但意思却值得人们一直记住：一个老人，有两个儿子，大儿子卖雨伞，小儿子卖布。阳光明媚的时候，老人不高兴，别人问她，她说大儿子的伞卖不出去，没生意，高兴不起来；下雨天，本以为老人会高兴，可她还是耷拉着脸，别人问她，她说，小儿子在街上摆的布摊，一下雨都得收起来，卖不出去，也高兴不起来。于是，那个人问老人，"为什么你总是想到不好的那一面，下雨天小儿子的布虽卖不出去，可大儿子伞刚好能卖；反之，大晴天，大儿子的伞卖不出去，但小儿子的布刚好卖出去啊！若是都想到好的一面，你就开心了吗？"老人一听，想了想，笑了。

生活中的我们也常常犯老人所犯的错误，事情总有两面性，但我们常常只看到了其中不好的一面，总是杞人忧天为自己徒增烦恼。如果我们仔细地想想，大部分让我们烦恼不已的事情都是注定无法改变的事情，既然如此，我们纵使投入再多的心思也是于事无补，到头来只是给自己找不自在。

生活中很多人都是如此，因为工作中出现了一个小失误发愁；因为年终奖金不多而发愁；因为孩子的学习成绩不够理想而发愁……让自己变得很累，也让身边的人跟着一起受累，这些人总是不明白，发愁是生活中最愚蠢的一件事儿，发愁解决不了任何事情，相反，只能让事情变得越来越复杂难以解决。

难道我们发愁就能改变已经犯的失误，就能拿到自己想要的年终奖金，就能让孩子下次考上第一名？显然不能，那么，我们为何要发愁呢？遇到了什么问题就该去寻找解决问题的办法，尽自己最大的努力就好，只要努力的了，即便不能带来什么，也是无怨无悔的，而发愁却什么也解决不了。

一个人的快乐与否，其实不在于他遭遇了什么，因为这些不会随着我们的主观想法而改变，换言之，没人能够预料自己将遭遇什么，也没有人能改变将自己即将要面对的困难。快乐不需要任何外界的条件做基础，它只是一种内心的感觉，只在乎我们自身如何看待我们的生活，快乐如幸福一样，仅仅是一种态度。

有一个年轻人叫李帆，他的家庭很好，从小也没受过什么苦，长大后也找了一份不错的工作，有一个很可爱的女朋友……但是前段时间，李帆觉得自己精神快要崩溃了。

原因是他总觉得生活中有太多让他发愁的事儿，"我特别烦，真的，感觉每天都数不尽让我难受的事情，前几天去见女友的家人，我不知道自己是否给他们留下了很多印象；昨天我出席公司的酒会，但我总觉得穿的衣服让我看起来不那么成熟，会在高层面前留下不好的印象；还有就是女友已经开始和我商讨结婚的事宜了，我不知道自己能不能做一个好丈夫，甚至能不能以后做一个好父亲……"

种种的忧患让李帆的精神状况越来越差，最后甚至到了不堪重负的程度，时常对着家人发火，他已经没有办法正常生活和工作了，因为他自己也没有办法控制烦躁的情绪，说不上来哪会就会控制不住，暴怒发火，就这样，李帆被迫辞掉了工作，也和女友分手了，一个人去了外地想着或许逃离开所有的事情会否能够平静一些吧，然而，事情并没有好转，他依旧有太多的烦恼，他不知道明天要怎么生活；不知道女友心里怎么想；不知道离开了那家很好的公司之后哪天自己好了，能不能再找到那样的工作……

就在李帆再一次将陷入自己的烦恼情绪之中无法自拔时，他收到了父亲发来的短信，短信内容是这样的："儿子，不知道你在那边怎么样了？我们都很关心你，你现在离开了家，觉得有什么不一样吗？还是你依然觉得很忧虑，很烦躁？我想你的回答应该是肯定的，其实爸爸一直没有太多时间来和你聊天，你的烦恼的并不是你的生活，而是你自己，你的心态把一切看得太悲观了，总是习惯性地把事情往坏的一面去想，其实，你所想的太多事情都不会发生，而你却要把自己的生命浪费那些杞人忧天上吗？儿子振作起来吧，要知道，一个人心里怎么想，他的生活就会变成什么样，凡事都往好处想，停止杞人忧天，悲观的生活吧，一切都会好起来，爸爸在家等你！"

看着短信，李帆不仅哭了起来，他似乎也开始反思，让自己痛苦的其实并非外界的事情，而是自己，是他把太多事情想得太过悲观，于是，李帆开始有意识的改变自己的心态，凡事多往好处去想想……渐渐地，他脸上的笑容越来越多，再回到原来城市，女友依旧等着他，原来他的爸爸已经和女友及其家人解释了事情的原委，后来，李帆和女友走进了婚姻殿堂，也找到了一份好工作，自此之后，凡事儿李帆都学着多往好处想，快乐的生活起来。

其实，生活中的我们每天也都避免不了有很多的担忧，因为担忧，我们可以做到防微杜渐，但切记不要被担忧控制了自己的情绪，主宰了自己的生活。担忧对我们而言弊远大于利，它就像是无底洞，一旦陷入便很难自拔，久而久之，人便生活在灰暗之中，烦恼与忧愁也会越来越多。

俗话说得好，天无绝人之路，任何问题都会有解决的办法，但担忧只能加重问题的严重性，所以，保持信心，不要再问题来之前就先灭自己的威风，要学会坦然一些，试着无视那些烦恼。

常言道，是福不是祸，是祸躲不过，要来的，挡也不挡不住，我们只需要怀有一颗乐观的心便可，与其每天都在担忧，不如让自己获得轻松一点，这样我们才能养精蓄锐去面对未知的明天。所以，从现在起停止忧虑吧，抬起头看看，天还是那么蓝，空气依然新鲜，什么都没变，只是你的心情变了，是你的心让你的生活变得灰暗，所以，保持一个好心情吧，那么，你的人生也会立即美好起来的！

切忌，想要快乐的生活，首先要停止杞人忧天的忧虑！

微笑，是一种释怀

一位女作家曾经在她的书上写过这样一句话："一个人如能不管境遇如何，都保持快乐的心境，那真比有百万家产还更有神气。"看到这句话，很多人都会点头赞同，生活的确如此，可点头这个动作谁都会做，一旦回归到现实生活中，估计能真正地做到人并不多，因为太多人没有办法一下子就释怀，总要自我折磨一阵子，才能把生命中的伤痛慢慢地淡忘。

的确，就算是心态很好的人也很难从一开始就做到气定神闲，说放弃就放弃。尤其是放弃对生活中的很多人来说是一种逃避、一种妥协的时候，那么，放弃真的就等同于妥协吗？其实不然，放弃，它不是怯弱的表现，相反，是一种彻悟，一种超越，更是一种勇敢。

20世纪"二战"期间，一个中年妇人，当所有人都在庆祝盟军胜利的时候，她却一个人蜷缩在沙发上哭泣，因为，她收到了儿子在战场上牺牲的消息。

她只有一个儿子，也是她唯一的精神寄托，然而，现在，她却不得不接受儿子已经死去的事实，她大声地哭着，整个人精神都临近崩溃了。她心灰意冷，痛不欲生，决定辞掉工作，离开住的地方，去一个陌生的环境，默默地了此一生。

当她清理行囊的时候，她看见了一封几年前的信，那是她儿子在去前线后写来的。信上说："请妈妈放心，我永远不会忘记你对我的教导，不论在哪里，也不论遇到什么样的灾难，我都会勇敢地去面对生活，像一个男子汉那样，用微笑去承受一切不幸和痛苦。我永远把你当成我的榜样，永远记着你的微笑。"

她的眼泪流了下来，把这封信读了又读，似乎感觉儿子就站在自己的身边，用那双炽热的眼睛望着她，关切地说："亲爱的妈妈，你教我要做个坚强人，用微笑去面对不幸与痛苦，而今你也要那么做啊！"

那封信让这个中年妇人重新振奋起来，她对自己说，要笑着活下去，为了儿子，要用微笑去埋葬痛苦，坚强地走下去。这个妇人就是后来著名的作家伊丽莎白·康黎，她最著名的代表作便是《用微笑把痛苦埋葬》一书。她在书中曾这样写道："人，不能陷在痛苦的泥潭里不能自拔。遇到可能改变的现实，我们要向最好处努力；遇到不可能改变的现实，不管让人多么痛苦不堪，我们都要勇敢地面对，用微笑把痛苦埋葬。有时候，生比死需要更大的勇气与魄力。"

是的，生活不是一帆风顺的，我们总要去迎接生活给我们的挑战，很多时候，挑战是巨大的，甚至是让我们痛苦的，在这个时候，生活下去往往要比死亡需要更多的勇气。人生像是一扇门，推开这扇门便只能勇敢地往前走，因为没有返回的路，只有前方未知的路。

一路上，我们会遇到很多困难和问题，有时是被世俗的繁杂喧嚣所纠缠，有时是为虚名微利所困惑，当我们疲惫不堪或力不从心时，当我们深陷逆境而难于自解时，能做的就是试着去释怀，去遗忘，任何事情都没有什么了不起，都会被时间冲淡，但这一切的前提是，我们能否用微笑去埋葬痛苦，能够鼓起勇气的继续走在生命之路上！

乐观是一种知足

乐观的人凡事都能往好处想，总会抱有希望，因而更能享受到生命之中的快乐。

其实，人虽有不一样的运际，但要分出了差别来也并有多少，生活都是大同小异的，幸福的人多半是自己觉得幸福；反之，不幸的人，多半是自己觉得不幸。就很大程度而言，一个人是否幸福，与他们拥有多少财富无关，而与他们的心态息息相关。

总是带着悲观的眼睛看生活的人，即使生长在优越的环境之中，过得如皇帝一般，仍然会抱怨自己不幸；而乐观的人，即便终日粗茶淡饭，但依旧能笑口常开，由此可见，幸福与快乐这件事儿，是由自我意志决定的。

一个人非常富有，锦衣玉食，香车豪宅，但是他不快乐，每天总在抱怨，"怎么有这么笨的下属？""怎么他老是跟我作对""怎么我的儿子总是让我不省心"……这个人觉得自己每一天都过得很不开心，永远有处理不完的事情，烦恼，焦躁……

一天他路过一家饭店，在饭店门口看到一个乞丐，那么冷的天，穿得那么单薄，蜷缩在墙角，但他的脸上却洋溢着微笑，富人觉得很诧异，让人停下了车，他便看那个乞丐，边问他的司机："你觉得做乞丐会幸福吗？"

"绝对不会先生，这个世界没有人做了乞丐后还会开心的。"司机回答道。

"那他为什么感觉那么开心！"富人用手指了指墙角的乞丐，司机看了过去，半天没说话。

或许因为好奇心的缘故，富人回到家后，让人找到了那个乞丐，并且带他洗了澡换了干净的衣服，让厨师为他做了一顿大餐，乞丐问富人，"为什么要为自己做这些"，富人说，"我只是想知道，为什么做乞丐了，你还能那么开心？"

乞丐边吃东西边回答，"我是乞丐没错，可只是在行乞，我的人生没有在行乞，因为身体的残疾，年龄的关系，我找不到工作，但我需要生存下去，只能依靠行乞维持生计，但我要自己开心。"

富人看着乞丐，听着乞丐的话，继续问："你觉得你人生中最幸福的时刻是什么？"

乞丐想也没想地回答："就现在，有人给我干净的衣服，请我吃如此丰富的东西，只需要我告诉他什么时候最幸福，这对我来说就是幸福了，难道您没有幸福的时刻？"

"是的，我想我没有，因为……"富人犹豫了，他其实根本不知道原因，乞丐听着富人的回答，放下手里的碗说："天哪，您竟然说自己不幸福，您有了一切，幸福的家庭，事业，住在温暖的房子里，有人服侍你，出门都坐豪华的汽车，您也一定有可爱的孩子……您竟然说您不幸福，我看是您没感受到幸福吧！"

乞丐走后，富人一直回忆乞丐说的话，是啊，自己为什么觉得自己不幸福呢？在他心里幸福应该是在高处，却不料，其实人生之中的幸福就在最平淡的事情上，有个可爱的儿子便是幸福，而不在于他是否是个神童……

富人终于明白了，自己长久以来的不幸，其实是心态的不幸，不是因为生活中没有幸福，只是因为他少于去发现罢了。

的确，拥有乐观心态的人总能比悲观的人多感受到一些来自生活中幸福，这当然不是上天多分配给了他一些，而是因为，他乐观的心态使然。

人生在世，短短数十载，很多问题，很多事情，容不得我们仔细思量便从我们的身边溜走。每个人只是人生中的过客，任何人的生命都不可能永恒，没有人的生活能够一直保持在一个状态中。生活每天都在变化，都在继续，不管你是悲观还是乐观，日子都在一天一天地往后翻，既然，每个人最终都要面对一个结局——死亡，那么，你又何苦在这个过程中把自己弄得很累呢？

有人说，这个时间美好的东西都在乐观人的手中，因为他们的一生总是在享受与感受；而悲观者总是在失去，失去美好、失去快乐……

有个公司派两个推销员去一个很富有的村落推销电视机，其中一个推销员去了之后很沮丧地向公司报告："那边的人都很有钱但是没有一家有电视机，他们不看电视！"

第二个推销员去了却兴奋地向公司报告："那边的人有买电视机的能力，而且那边现在没有人家中有电视机，是个大市场"。

同样一件事，只是转换了角度，从不同的角度去看待问题，便有了完全不同的结论。对于乐观者来说，即使不是好事，他们往往也能从中找出些积极的部分；但悲观者呢？就算是好事儿，他也去找些消极的部分出来。

现实生活中，太多人面对一些问题想不开，总是觉得日子难过，生活中希望渺茫，其实，并不是生活本身的问题吗，而是自身心态的问题，生活中，如果我们总是看到树上的烂苹果，那么，吃到的便常常是烂苹果；即使树上有好苹果等到他看到的时候估计也变成了烂苹果；而乐观的人则不同，他们往往能够第一眼就看到好苹果，只吃好苹果，这样人自然一生都会活在快乐之中啦。

生活是一面镜子，你悲观，它也悲观；你乐观，它自然也会变得充满快乐与幸福。

凡事看开一点

你觉得生活中什么最重要？相信大部分懂得生活的人都会回答：快乐最重要。的确，快乐意味着充实、满足；快乐也意味着内心的畅快与愉悦。

每个人都希望自己能成为一个快乐的人，长久的保持在充实满足愉悦的状态之中。

但在现实生活中，真若遇到了一些困难和危机，大多数人都会皱起眉头，唉声叹气，很难再快乐起来。很多人内心其实是非常理想化的，总是在幻想完美的人生，大富大贵，有美满的家庭，顺利的工作……但现实始终有别于梦想，很多时候，别说顺顺利利了，很可能你付出了很多努力也换不来一次成功，每当这个时候，人便开始急躁起来，开始抱怨，开始发牢骚，觉得上天对自己太不公平了。

这个世界本就是那么现实，哪有人能顺顺利利呢？谁的成功不是经过痛苦和挫折的洗礼呢？我们必须让自己知道，生活里不会常有掌声和鲜花相伴，也会有坎坷和逆境，甚至很多时候，我们倾注所有也未能换来梦想的实现，但经历过的这个过程却是一笔宝贵的财富。

有人曾说过，人生本来就是一次洗礼、历练的过程，从我们出生起直到我们离开这个世界，这期间我们无时无刻都要面对困难和挑战，看不开的人一生都会活在痛苦之中，看得开的人，便学会了苦中找乐。

任何人的一生都是苦乐参半的，只有那些能够正视苦痛的人，才能得到真正的快乐，只有那些能够看破的人，才不会被困难击败，就此沉沦。

我们想要获得快乐，就必须要从哪些不如意、不顺心中走出来，不要凡事太过苛求，不要期待所有的都按照自己的剧本进行，懂得看开的人，幸福和快乐才会围绕在他的身边，人的心才能开朗，才能融进快乐。

一个村主任，一天他正在办公室开会的时候，突然家里人来找他，说自家在划田地的时候和邻居家吵了起来，邻居家把自己的田地往外多划了两米，已经占了他们家的田地，家人便让村主任去说，命令邻居家把占了地还回来，但村主任没有按照家人的意思去办，而是告诉家人不要为了两米地和人家争吵，就让他两米能怎么样？

这话传到了邻居家的耳朵里，邻居家自认为觉得做得有些不对，便主动重新划了田地，还多让出 50 厘米来用于分割两家的田地，也方便大家为彼此的田地浇水施肥。

可见，很多事情之所以不能得到很好的解决，多半是因为我们把彼此的利益看得太重。如果我们能够看开一点，其实反而会得到更多。

生活中的很多事情就像故事中划田地一般，并不是因为自己真的失去了多少，只是感觉自己的利益被侵犯了，觉得自己吃了亏，所以心里无法释怀，很多问题，我们若能退一步，看开点，问题便会迎刃而解了。

比如，有些时候，我们借给了别人一两百块钱，数目不大，但却常常耿耿于怀对方没有归还，又不好意思开口索要，于是，每天都在想着这件事儿，时间成了，便成了自己的心病，老觉得别人欠自己的，其实，别人没有还要么是忘了，要么就是暂时不方便，何必为了这点事儿而放不开呢，仔细想想，自己其实并不在乎那一两百元钱，对方能还就还，还不上就算了，大不了下次不借钱给他，这样你便会开朗许多。

大事小事，道理都是一样的。如果我们能够调整自己的心理，就能解开自己的心结，将自己的注意力从哪些不开心的事情挪走，把自己的心理要求调低一些。如果我们能够做到这些，那么，便能够做到快乐相随。

所以说，生活中，不要总把目光锁定在那些不愉快的事情上，有句话说得好，"踏破铁鞋无觅处，得来全不费工夫"，也是说这个世界上很多事情都是很偶然的，当我们越在乎，越想得到的时候往往不得章法，但当我们看开之后往往又会意外地得到。因此，面对问题，我们着急上火，焦急烦躁，都不是解决问题的方法，相反，只能起到火上浇油的负面作用。凡事顺其自然，看淡一些，看开一些，再复杂的事情也会变得简单。

身处苦难，心存快乐

快乐，谁都想要得到，但太多人没有，于是，人们便问，"快乐究竟是个什么东西？"

的确，快乐是什么呢？金钱买得到吗？权利要得到吗？

答案显而易见，都不能，那么，快乐是什么呢？有首歌是这么唱的："你快乐吗？我很快乐。快乐其实没有什么道理。"快乐是很容易得到的东西，就像所唱的，是这个世界上最简单的东西，只在于你的感觉，快乐不需要付出什么物质才能交换得到，你只需要对自己说："我很快乐"，换言之，快乐其实就在我们每个人的心里，无处不在，快乐的人因为他们做到了不悲伤；而悲伤的人刚好相反，总难过。

乐山虽然名字有一个乐字，但是他生活中的大部分时间并不开心，小的时候乐山有一个不错的家庭，但是好景不长，到他上初中的时候，他的爸爸出轨，很少回家，后来干脆丢下他和他妈妈不管了，从那以后，乐山的生活发生了巨大的变化，没有生活来源的他和妈妈过得很悲惨，后来乐山上大学，父亲不在支付抚养费，乐山无奈，在大学期间一个人兼职打多分工，别人都在享受大学时光，谈恋爱，而他每天奔波于各个快餐店间。毕业后，乐山找到了一份工作，也找到了一个女友，因为知道妈妈养自己很不容易。

每个月乐山都把大部分钱寄回家里，自己生活过得很拮据，女友为此时常和乐山争吵，最终与乐山分了手，乐山觉得自己的生活似乎总是围绕着"悲惨"二字，一年前，他的妈妈被检查患了癌症，并在不久离开了乐山，乐山觉得自己人生就是一场悲剧，他失去了最后的精神依靠，在送走母亲离开这个世界后，乐山一个人喝得伶仃大醉，歪歪倒倒地走到小区顶楼，站在楼顶，他痛不欲生，动起了轻生的念头。

此时时值下午，正好被一个清扫楼道的老大爷看见了，他赶忙把乐山从顶楼的边缘处拉回来，乐山挣脱开大爷的手："你不要管我！"

"孩子，别想不开啊！"

"我比谁都想得明白，我是这个世界上最倒霉的人，现在我一个亲人也没有了，我至亲的妈妈和女友都离我而去了，我活着有什么意思？"

"那你更要好好地活着，我相信你妈妈一定希望你好好地活着。"老大爷怕乐山做傻事，又赶忙抓住他胳膊

"我有好好活的机会吗？我是这个世界上最倒霉的人，小的时候被爸爸抛弃，上大学了比任何人付出的都多，却没能有一份好工作，女友嫌弃我离开了我，现在我妈妈也重病不治走了，你说我活着还有意义吗？"

"当然有，你爸爸抛弃你了，但至少你知道是谁的爸爸，这个世界上，很多人连自己的爸爸都没有见过；工作不顺，也只是暂时的，你看

看我，虽然是个扫地的，可是我很开心啊，你那么年轻，有的是机会；再说，你现在这样做，对得起你妈妈吗？孩子，这个世界上的确有很多让我们难过的事情，可是日子不是还得过，为了爱我们的人，和我们爱的人，我们要开心地活着，多去看到生活中快乐的一面，我今年64岁了，前不久刚刚查出来患了癌症，我没有把这个消息告诉我的家人，因为我想和他们快乐地过完剩下的日子，前段时间我了这份扫地的工作，把挣来的钱全都花了，每周我都带着我的老弟去吃好的，去逛那些我们没去过的地方，过完今年，要是我还没死，我打算取出我的全部积蓄带着我老弟去国外逛逛，哈哈，人啊，要学会去寻找快乐，享受快乐，一生才不白过啊！"老大爷笑着说。

乐山被老大爷的话震撼着，他突然明白，生活是自己的，无论遇到多少困难，决定如何继续人生的只有自己，快乐地向前走和绝望地向前走只在一念之差。

的确，生活中很多人都不明白，以为自己与快乐无缘，常常误认为快乐就是有钱、有相貌、有地位……其实，快乐属于任何人，是我们生来就有的能力，也是生活赋予我们的权利，关键看我们是否会使用它。

然而现实生活中的我们总是要面对很多压力，时常让我们感到不堪重负，被压得重重的，这个时候，我们要学会自我调适，试着放下心理的包袱，回归到平静的心情中，给自己多一些缓冲的时间，那样一来，我们便有了感受快乐的机会。就如张晓风所说的那样："除非你自己弯下腰，否则没有人能够踩在你的背上。"快乐也是如此，除非你自己放弃快乐的权利，不然任何人、任何事都不可能夺走你快乐的权利。

做一个快乐的人。无论男人、女人，始终记得，快乐不需要任何人的馈赠，也不与物质条件及外界环境相关，快乐是一种感觉，并且就在我们的心中，因此，我们每个人都要好好地利用，好好地珍惜！

每个人都有着看不见的笑容

道森先生是个坏脾气的老头子，镇上的每个人都知道这个。小孩们知道不能到他的院子里摘美味的苹果，甚至掉在地上的也不能捡，因为据他们说，老道森会端着他的弹丸猎枪跟在你后面追。

一个周五，12岁的珍妮特要陪她的朋友艾米过夜。她们去艾米家的途中路过道森先生的房子。当她们离道森家越来越近时，珍妮特看见道森先生坐在前廊，于是她建议她们过马路从街的另一边走。跟大多数孩子一样，珍妮特听过他的故事，对他很是害怕。

艾米说别担心，道森先生不会伤害任何人。但每向前走一步，离老人的房子越近，珍妮特就越紧张。当她们走到房子那儿，道森抬起了头，一如既往地皱着他的眉头。但当他看到是艾米，一个灿烂的笑容让他整个表情都变了，他说："你好，艾米小姐，我看见今天有位小朋友陪你。"

艾米也对他微笑，告诉他珍妮特会陪她过夜，她们要一起听音乐玩游戏。道森告诉她们这听上去很有趣，给她们每人一个从他的树上刚摘下来的苹果。她们很高兴地接受了，因为道森种的苹果是镇上最棒的。

走到道森听不到的地方，珍妮特问艾米："每个人都说他是镇上最不好打交道的人，但他为什么对我们这么好呢？"

　　艾米说当她第一次路过他家时，他不是很友好，也让她害怕。但她仍对道森发出美丽的微笑，以后每次路过都会对他微笑。终于过了一段时间，有一天，他也对她露出了一点笑容。再过了些日子，他开始真正地对她笑了，并开始和艾米说话。开始只是打个招呼，后来话越来越多。她说现在看见他，他总给她苹果，总是很友善。

　　"微笑？"珍妮特问。

　　"是的，"艾米回答道。"我奶奶告诉我如果微笑对人，总有一天他人也会真正微笑对我。奶奶说笑容是可以互相感染的。"

　　艾米奶奶说得很对，每个人都会微笑，大多数人是无法抗拒他人的微笑的。

　　我们总是忙着去尽量完成更多的事，不是吗？买东西，打扫屋子，加班……这就使我们很容易在日常生活中忘记：给自己和别人带来快乐是多么简单的事情。绽放微笑，既是轻而易举而且绝对免费，但收获的却是难以衡量。笑容是可以互相感染的，人人脸上有笑容，只是有一些是我们没有看见而已。

让微笑变成一种习惯

　　微笑是我们与生俱来的本领，也是人类表情中最美的表情之一，唇角留笑，即使丑的人也会变得较美，令人好感顿生。

一位著名的作家曾经说过这样一句话："快乐并不总是幸运的结果，它常常是一种德行，一种英勇的德行。"现实生活中，我们每天都可以让自己快乐，让自己做一个不一样的自己：我们可以清晨起床带着微笑洗漱，而后高兴的出门；一个人的时候微笑、打招呼的时候对对方微笑；工作时微笑、休闲时微笑……这样我们便成为一个不一样的自己，一个有别于悲观时的我们，而以上的这些其实都是快乐生活的好习惯。

因为微笑，你会成为快乐的一员，因为微笑，会有越来越多的人愿意与你接触，因为此时的你能够带给身边的人快乐。

没错，微笑就是具有如此神奇的力量，它能够改变我们的生活。在美国一位心理学博士开展了一项名为微笑改变人生的实验，他找来很多志愿者参加实验，教导那些生活中不怎么微笑的人微笑，以此来观察这些人在微笑面对人生之后生活的变化轨迹。

实验之初，博士要教这些平时很少微笑的人如何微笑，他告诉每个志愿者，他们必须学会让自己放松并鼓励自己开怀一笑。一位已做了爸爸的中年男人在参加实验5个月后，微笑让他的生活发生了巨大的变化。他感到很快乐，因为微笑可以消除人与人之间疏淡的关系。

看来，常常展现笑容，生命才有生机，生活才有趣味。

但是，许多人天生就不愿笑，或者说很少微笑，时常一副冷冰冰的面孔，令人望之却步。这一点以服务业给人的印象最深刻，试想一下，我们满怀热情的去购物，却遇上了一个面无表情的导购人员，那种感觉就好像被泼了一盆冷水。这样的人我们很难想明白，微笑又不需要本钱，带笑上阵，还能提升业绩，何乐不为呢？

张晋大学毕业来到新的公司上班，上班第一天他显得很紧张，一整天他一句话也没说，当然，一个表情也没有，只是僵直地坐在自己的位置上，不停地看着公司的资料。

随后的几天，张晋依旧如此，因为天生不善言谈，也没有人主动和他说话，他就只好一个人待在座位上。就这样一周的时间过去了，张晋意外的发现，和自己一同进入公司的另外三个人似乎已经和老员工们打成了一片，而自己却还像个局外人，有的时候去请教老员工一些问题，他们也不会像回答那三个人那样眉开眼笑，于是，张晋开始紧张起来，他不知道是不是自己哪里做错了。

这样纠结的日子又过了一周，一天晚上，下班后的张晋没有吃饭，坐在自己的房间发愁，被他的爸爸看到了，便询问缘由，于是，张晋把初入公司的事情告诉了自己的爸爸，没想到他的爸爸却哈哈笑了起来，张晋不明白，便问："很好笑吗？"

他的爸爸却说："你就是缺少了这样的笑容，如果从明天开始，你把微笑挂在嘴边，并且微笑着对待身边的每一个人，我保管不出一周，你也会成为公司受欢迎的人！"

第二天，张晋按照爸爸说得去做了，起初还半信半疑，结果几天过去了，他果然赢得了大家的喜爱……获得了良好的人际关系。

笑除了可以改善人际关系，还对身体有益，使肌肉放松，让紧张消失。所以有一个医生说："笑是没有副作用的镇静剂。"

曾经有过这样一个调查，世界上谁最快乐？在上万个答案中，有四个答案十分精彩，它们分别是：吹着口哨欣赏自己刚刚完成的作品的艺术家；看到出生婴儿的母亲；和小伙伴玩玻璃球赢了一大堆玻璃球的孩子；劳累了几个小时终于救治了一位病人的外科大夫。

快乐其实很平凡，饿的时候恰好抬头就遇见自己喜欢的餐厅；口渴的时候恰好身边有水可以喝；天气特别热的时候找到了一块树荫……心中有快乐，我们就该发自内心的笑出声来。

从现在起，让微笑变成我们的一种习惯吧，你会发现，笑对生活，它会如此美好！

第二章

傲慢，成功路上的绊脚石

让一个人傲慢，是件异常容易的事儿，但让一个处在人生辉煌阶段人低调处事，却并不容易！一个人到了一定的位置，说一点也不傲慢自大，那是不可能的，但是，你该知道，高处的低调是通往人生更高一级的通道，无论你是否处于辉煌的阶段，你要明白，只有谦逊做人，低调处事，才能获得更多人青睐，才能获得幸福生活的权利！

傲慢的人爱面子

这个世界上总有一种傲慢的人，"死要面子活受罪"，常常"打肿脸充胖子"，明明自己的能力有限，也不去寻求别人帮助，生怕被别人看不起，最后导致自己一事无成，便真的被人看不起了。

其实，人活在世上，面子固然重要，可有些时候，也要懂得放低姿态地活着，总是昂着头走路难免看不见脚下的石头，很容易摔跟头，相反，放低姿态，会生活得轻松很多，遇到解决不了的事情时，没有必要非一个人死撑着，该求人帮助的时候就去求人帮忙，这样你的人生才不会躺在死胡同里，才能越走越幸福！

生活中，大多数人放不下自己的面子，活得纠结而难受，诚然，每个人都知道求人帮忙的滋味不好受，感觉上，好像只要一开口求人，就要比对方矮一截似的。但事实上，真正的求人，却并非如此，假如你有这样的心态，则说明你还没能摆正自己的心态，对求人帮忙这件事儿还存在不正确的认识。

这世界上，求人办事儿的确不是件容易的事儿，而所谓求人难，往往并不难在事情难办，而是难在求人之人太要面子。尤其是对于大部分中国人而言，面子是非常重要的，一遇到事情，面皮薄，该开口的时候不敢不开口，该要求的不敢不要求，该批评的不愿不批评，该拒绝的无法不拒绝，结果导致自己失去了大好时机，牺牲了本属于自己的利益。所以有一种说法叫"面子"杀手，意思是说，有些时候人为了面子，常常让自己的利益受损，说到底这还是走不出自己的心结所致。

日常生活中，信奉"万事不求人"或"求人不如求己"的原则的人并不在少数，认为请求别人帮助是自己无能的表现，不免有些丢脸。还有人认为，少求人、多助人才是美德，同时助人令人感到自己高尚而有价值，而求人则等于是贬低自己的价值，所以常有"助人为快乐之本"的说法，而鲜有"求人为快乐之本"的说法。事实上，求人时的确会感到或多或少的失落感，尤其是对于那些自尊心较强的人来说，但若一味地只知道维护自己的面子，不求人，又怎能进步呢？

人与人之间的相处，少不了你帮我、我帮你，这并非丢脸、无能的表现。因此，要找人办事、学会求人，脸皮薄不行。所谓"人在矮檐下，不得不低头"就是这个道理。求人成事，脸皮薄、放不下清高的架子是不会成功的，最后反而落得个"死要面子活受罪"的下场。

沈明涵是一家汽车销售公司的客户经理，一次，他被人抓到了把柄，在总裁面前狠狠地说了一顿，总裁罢免了沈明涵的职务。面对打击，他没有消沉，而是立志重新开创一片天地。为此，他拒绝了数家优秀企业的招聘而接受当时濒临破产的广告公司的邀请，担任总经理。

到任后，他首先进行了员工改制，提高了员工的工作效率及对公司的信心，随后，借助自己多年来积累的客户，成功地为公司借了不少广告单子，大大增加了公司的收入。他规定主管人员如果没有达到预期的目标就扣除 25% 的红利；还率先做表率，在公司没能走出困境之前，公司高层管理人员减薪 10%。

这一措施推出后，有人反对，有人赞成，反对的人是公司的元老，认为这样损害了他们的利益，沈明涵冷静地对待这一切，并且自己只拿 1000 元的象征性月薪，让反对他的人无话可说。

为了争取银行的贷款，沈明涵四处游说，四处求人。有一次，由于过度劳累，他直接昏倒在公司的办公室里。结果，他领导的广告公司终于走出了困境，到第二年的第三季，公司获得的净利高达数千万。沈明涵也从此成为广告界的传奇人物。沈明涵取得巨大的成功，他自己说就只有四个字——"放下面子"！

当下社会成功不再是一个人的努力，简言之，成功离不开他人的帮助，但大家彼此非亲非故，人家为何要帮助你，这就要看你的本事了，如果这个时候你自己放不下身份，总是站在高处，那便只能和成功说拜拜了。所以太多人说，成功离不开好的心态，而这首当其冲的好心态便是能屈能伸，能够放低姿态，低调做人。因此，如果你想要获得成功，收获幸福，那么你就必须培养自己养成良好的心态，并且积极地掌控自己的情绪，使之适应不同办事对象、办事环境，这都是非常重要的。成功的人大都是"处险而不惊，遇变而不怒"的，如果你也能及时控制调整自己的情绪以适应办事的需要，那么你办起事情来就会容易、顺利得多。

由此，大家不难看出，越是傲慢的人越爱面子，但是想要成功的办成事儿，首先就不能太顾及颜面，要积极的培养自己能屈能伸的品性。放下面子，其实并没有你想象中那么困难。反之，若死守面子，就会既办不成事、达不到目的，还有可能损失更多的利益，甚至受伤的只能是自己，得不偿失。

摒弃"死要面子活受罪"的心态，是通向成功、幸福的第一步！

妄自尊大，失去人缘

成功之后的淡然做起来并不是一件容易的事儿，日常生活和工作中，我们常常会遇到这样的人，虽机智聪明，口若悬河，但一张嘴就使人感到狂妄自大，因此别人很难接受他的观点或建议。同时，这种人往往以自我为中心，喜欢表现自我，唯恐他人不知道他有能力，处处显示出自己的优越感，从而企图获得别人的敬佩。但结果常常适得其反，会失去更多的人缘。

其实，生活中的我们若以低姿态出现在他人面前，更加容易让对方认可、接受；而不谦虚，妄自尊大的人往往引起他人的反感。

某公司有位能干的主管，按照公司业绩提成的管理制度，会得到一笔数目不小的奖金。老板也很高兴自己有这样一位得力的助手，庆幸自己没有看错人，于是决定在公司的例会上把他推为典型，以此激励其他员工，并特意安排这位主管做演讲。

然而，这位主管在他的演讲中，把自己的业绩归功于自己调配人员是如何有技巧、处理大订单时如何的果断和聪明以及如何辛苦加班。他说的这些都对，可以说没有丝毫的夸张，他一直也都是这么做的。整场报告中，他都很坦然地接受员工对他的祝贺和上司对他的表扬。从始至终，没有对老板的信任表示感谢，更没有提及同级部门的合作和下属的努力。下属和同事们开玩笑要他请客庆祝一番的时候，他说："我得奖金，你们用得着这么起劲吗？下次我会拿更多，到时再考虑考虑……"

可是到了下个月，这位主管不仅没有拿到奖金，还因为没有完成销售任务被扣掉了当月奖金。原来，他的下属不积极做事，导致部门完不成任务。

人生犹如走路，大家一定要牢记"低调"两字。任何时候都要一步一步地走稳自己的路，否则，就可能会因冒失而犯错或受到伤害。

在现实生活中，由于利益得失关系到个人的生存和发展，人与人之间就会产生内心的竞争和排斥，即使是最好的朋友之间，也可能在切身利益面前取利而弃义。在有些时候，我们更需要有一颗防人之心。所谓

"明枪易躲，暗箭难防"。融通处事，才能顺达。

英格丽·褒曼在获得两届奥斯卡最佳女主角奖后，因在《东方快车谋杀案》中的精湛演技，又获得最佳女配角奖。然而，在她领奖时，却一再称赞与她角逐最佳女配角奖的弗纶汀娜·克蒂斯，认为应该获奖的是这位落选者，并由衷地说："原谅我，弗纶汀娜，我事先并没有打算获奖。"褒曼作为获奖者，没有喋喋不休地叙述自己的成就与辉煌，而是对自己的对手推崇备至，极力维护了对手的面子。无论这位对手是谁，都会十分感激，并且认定她是自己可倾心的朋友。

在为人处世中，我们的一言一行都应该为对方的感受着想，学会安抚对方，不能使对方产生相形见绌的感觉。与此同时，自己的心灵也会因此安然自慰。

懂得低调处世的人会经常远离灾祸，而一个疏忽的人却会经常被烦恼缠身。为人处世，我们应常常有如履薄冰之感、如临深渊之慎，时时处处谨言慎行，才不会遭小人陷害，也不会铸成大祸。

生活中，时常有这样一群人，他们或许机智聪明，能力出众，但却长着一张天生爱炫耀自己的嘴巴，常常一张嘴就使人感到狂妄自大，因此别人很难接受他们的观点或建议。同时，这类人，无论男女，大都以自我为中心，喜欢表现自我，唯恐他人不知道他有能力，处处显示出自己的优越感，无论在哪方面都希望得到他人认可与敬仰，但事实上，却常常事与愿望，得到的大都是人们的不屑与疏远。

其实，大家若能够以低姿态出现在他人面前，更加容易让对方认可、接受，这样的人，即便是获得了很小的成就也很容易得到他人的称赞；

反之，若一味地自大妄为，就算干出惊天动地的大事儿，也很难得到他人的好感，获得他人发自内心的称赞。

在为人处世中，一言一行都应该为他人着想，学会安抚他人的感受，而当你做好的时候，不必大肆宣扬，因为谁都会知道。

一个懂得低调处世的人会经常远离灾祸，轻轻松松的踏上成功之路，而一个高调的人却会经常被烦恼缠身，哪还有足够的心思再追寻更高的成功呢？所以，想要远离纷争，离幸福再近一点，你就要学会在为人处世中，时时刻刻谨言慎行，不要让自己锋芒太露，招致他人烦恼，引发不必要的烦恼。

虚怀若谷，始成大器

"江海之所以能为百谷王者，以其善下之，故能为百谷王"。老子这句话的意思是说，江海所以能成为一切小河流的领袖，就是因为它善于处在一切小河流的下游，这就是江海容纳百川的"海量"。人亦应如此，有山谷那样的胸怀，有大海那样的气度，就会"有容乃大"，成为一个思想境界高尚、文化知识广博、朋友众多的人。

虚怀若谷的本质是：不自负，不自满；不武断，不固执。看到别人的长处，虚心学习，反省自己的不足，自觉加以克服；注意倾听别人的意见，乐于接受别人的帮助。虚怀若谷是一个人能够成才、成功的重要条件。每个人都应努力培养自己虚怀若谷的品德。

　　俗话说"宰相肚里好撑船"，可见大人物的心胸有多大。大人物以大事为重，不拘小节，小肚鸡肠则难成大器，整天与人斤斤计较，只能成为小人。所以说，一个人的心胸要像海洋、天空一样宽广，要着眼于全局，不能为一些狭隘的利益争强好胜，要看得开放得下，不计较得失，要让大家知道你是一个顾全大局的人，让大家赞赏你、佩服你，这样，你在大家心目中的地位就会越高，你的人格魅力就能得到升华。

　　在荣誉面前不伸手。有时吃亏也是一种福，你不因小失大，反而能得到大家的信任和赞赏，成为大家的知心朋友，同一战壕里的战友，这就是你的成功，也是你最大的收获和财富。

　　虚怀若谷的人，才能终成大器。明末清初时期的顾炎武出身于官宦人家，他的祖上三代都曾中过进士，在明王朝中做过三品的高官。顾炎武自幼好学，优越的家庭环境又为他的学习创造了良好条件。他十岁即开始读《左传》《史记》《国语》《资治通鉴》等史书以及《孙子》《吴子》等兵书。顾炎武与一般的读书人不同，他不满士大夫空谈的风气，也看透了科举制度的弊病，因而他除了读史书、经书以外，还阅读了大量有关地理、税制、用兵、采矿、贸易等实用的书，以求有用于社会。

　　顾炎武知识渊博，对国家典制、郡邑掌故、天文仪象、河漕、兵农以及经史百家、音韵训诂之学都有研究，是当时闻名天下的著名学者。顾炎武虽然知识渊博、学问精深，但为人谦虚，经常虚心向其他学者请教，尊师敬师，从不自恃知识渊博而傲慢自满。

顾炎武作为我国一位杰出的思想家和著名学者，能根据历史的经验教训和实地考察，确立进步的社会改革观。在学术上，顾炎武著作种类繁多，计有六十二种，五百二十八卷，主要著作有《日知录》《天下郡国利病书》《肇域志》《音学五书》《韵补正》《亭林诗文集》等。顾炎武还是一位富有民族气节的爱国者，明朝灭亡之后，他坚持反清复明，坚决不做清朝的官，至死不变。他还提出"天下兴亡，匹夫有责"这样具有强烈爱国意识的至理名言，为后人所传诵。

从顾炎武的故事里我们可以看得出，一个人胸襟有多大，度量就有多大，就能承受多大的压力。即便处在危难之中、逆境之中、压力之下，也能挺直腰杆不被困难和失败所吓倒，能以大无畏的胸怀，泰然处之。

心胸狭隘等于自寻烦恼，心胸狭隘容易产生烦恼心里。《三国演义》里的周瑜，"既生瑜，何生亮"成为他烦恼的根源。周瑜是东吴的大都督，如果身经百战的他具有良好的性格，诸葛亮就是有天大的本事也气不死他。曹操因猜忌心理而杀害杨修，最终使他失去一个优秀人才。《红楼梦》里才貌双全的林黛玉，也是因为其性格多愁善感，忧郁猜疑，终于积郁成疾，呕血而死。

柔弱不一定胆小，低调不一定不明白，胸怀如苍茫天地和山崖深谷，或成汇小溪纳百川的江海湖泊，才是"虚怀若谷"的真谛！

低调做人，暗蓄力量

在我们身边，为什么有的人活得那么累？有的人却活得那么轻松呢？活得累的人，不一定是穷人，活得轻松的人，不一定是富人，但是，为什么有的人就那么遭人喜欢，而有的人就那么让人厌恶呢？

其中，有一个如何做人的问题。人要想活得不累，活得自如，活得让人喜欢，最简单不过的办法，就是学会谦卑处世、低调做人。谦卑处世和低调做人，不仅可以保护自己、融入人群，与人们和谐相处，也可以让人暗蓄力量、悄然潜行。

美丽的花草最容易招人采摘，而一朵不显眼的平凡花草，反而更能够自由自在地开放。低调做人者首先给人的感觉就是"貌不惊人"。当然，所谓的"貌"不完全是指外貌，严格地说是"看上去"的意思，即包括一个人的相貌穿着，也包括了行为举止。这种人给人的感觉是内敛而不张扬、柔和而不粗暴，不显山露水，也不锋芒毕露。这种做人的低姿态，能够减少别人的反感与烦恼之心。

不过，在这个个性张扬的时代，更多的人（特别是年轻人）遇事喜张扬，遇人好显摆，更要命的是抬高自己时还自以为是的样子。我们还经常看到一些人，有十分的才能，一定要十二分地表现出来。生怕别人不知道，甚至十三分地说出来。他们说起话来咄咄逼人，做起事来不留余地。

俗话说：枪打出头鸟。先出头的鸟，最容易成为猎人眼里的靶子。处世也经常有类似的境遇。木秀于林，风必摧之；行高于众，众必非之。要想不成为别人眼里的靶子，最好是自己主动要放下身段，低调做人。

人的低调之一体现在不轻易出头，体现在多思索、少说话，体现在多安静、少喧哗。不要让人以为你是个爱抢风头的人，这样容易激起烦恼，产生矛盾和公愤。

但矛盾来了：我们每天忙碌奔走，不是希望自己能够有一天出人头地吗？如果事事都不出头，怎么会有出人头地的那一天呢？想出人头地并不是什么错，一个对自己有事业心的人、一个对家人有责任感的人，都有一种出人头地的欲望，只不过适当出头，但不可强行出头。"强出头"，不低调，容易做错事，"强"在这里有两层意思。

第一，是指"勉强"。也就是说，本来自己的能耐不够，却偏偏要勉强去做。当然，我们承认一个人要有挑战困难的决心与毅力，但挑战一定要有尺度。明知山有虎，偏向虎山行，如果没有一定的能耐，何必去送死？如果一定要打虎，先练练功夫才是最明智的选择。失败固然是成功之母，但我们不是为了成功而去追求失败。自不量力的失败，不仅会折损自己的壮志，也会惹来了一些嘲笑。

第二，是指"强行"。也就是说，自己虽然有足够的能力，可是客观环境却还未成熟。所谓"客观环境"是指"大势"和"人势"，"大势"是大环境的条件，"人势"是周围人对你支持的程度。"大势"如果不合，以本身的能力强行"出头"，不无成功机会，但会多花很多力气；"人势"

若无，想强行"出头"，必会遭到别人的打压排挤，也会伤害到别人。

所以，少些出"头"，你的身心就会多些随意与自由。

求人其实不丢脸

人活在这个世界上，就没有不求人的时候，我们从出生到现在，几乎没有人可以站出来说自己从未求过人，或从未被别人求过。

不过，虽是求人，但在求人办事儿时表现出来的心态却是千差万别的。有些人总认为求人就低人一等，因此，很多人不敢平等地面对别人，总是太看重别人的脸色，生怕在求人办事的时候遭遇闭门羹或是碰钉子，害怕对方看不起自己；总认为求人就是自己不行，因此不敢大大方方公开求人。更有甚者连表情也不自然，说话也不得体，想好的话也变了调儿，别人面对这样的人时当然很难看得起。于是，对方越是看不起、不喜欢，这类人越是感到紧张，感到不自在，致使心理压力越来越大，恶性循环下去，对其日后交往的信心也产生了诸多不良影响。

事实上，无论求工作中的事儿还是生活中的事儿，所求的一定是"稀缺资源"，是自己目前没有办法独立办到的，换言之，要是你自己轻轻松松的就能办法，一来你也不去求，二来也根本算不上求。比如说公司的出国培训名额，有一定的限额，但想去的人却太多，此时，你就得采取相应的措施，找找领导，积极争取。此时也算去求人，但由于竞争的人太多，事情有很大的难度，不行就可做罢。也就是说，因为办事有难度，所以才要"求"，办事之前，不要考虑能不能办成，而只要考虑怎么去办。

不要因为有事求人就不好意思或者愁眉苦脸，没去求人之前就盘算着不成功怎么办，被拒绝怎么办，被看不起怎么办，事实上你大可不必想那么多。万一"不行"，还有万分之九千九百九十九的机会呢？怎么就肯定这万分之一的"不行"落在你的头上呢？

所以，聪明的人在办事情的时候也应该去掉"不可能""万一"这样的字眼，只要肯尝试，没有一件事是绝对不可能的。如果一个人总是有这种"我不行，这事怕办不成吧"的消极态度，势必会影响自己的办事的成功概率。相反，如果办事之初就充满信心，觉得这事难不倒我，一定能办成，这种观念就会在潜意识中进入自身的各种状态，那么，你所办的事儿就已经是成功了一半了。总而言之，无论找什么人办事，无论去办什么事，你尽管大着胆子去做，所谓"胆大漂洋过海，胆小寸步难行。"就是这个道理，一个人若没有坚定地自信心，没有敢于试一试的胆量，必将一事无成。

在广告公司上班的陈明最近正为了调工作所需的一个手续发愁，他连跑了几个地方，不知为什么，总是受人冷落，解决不了问题。有人说要送礼，他不懂送礼也不愿送礼，只有愤然唠叨两句，让自己苦恼不堪。

他的一位哥们儿得之此事后，指点他去直接找主管部门的李主任。可他到办公室却扑了个空，追到家也没人，还被家里的保姆"损"了几句，觉得很丢面子，但有气没处出，只得裹着满腹懊恼回到家，发誓再也不去跑关系了。

哥们儿知晓后，哈哈大笑，说："你啊，怎么这么禁不起挫折呢？

在外跑关系办事哪有不碰壁的呢？想当初我做业务的那会儿，还不是办一件事儿要求个七八次，跑个十几次甚至几十次，想要求人办事儿，老想着面子是绝对不行的！"

一席话点醒了陈明。第二天，他又"厚"了脸皮去找李主任。结果是出人意料地顺利，主任只照例问了一些问题便为他办了手续，烟都未抽一支。

所以，求人办事的时候，一定要肯定人，不要顾虑太多，对方喜欢不喜欢是他的事，千万不要因此觉得丢脸。不要太看重别人怎样看自己，而要看自己怎样看待自己，若你自己都觉得求人是件抹不开面子的事儿，打心眼里看不起自己，别人又怎么可能看得起你呢？同样的道理，你若是总是把自己看得很渺小，把对方看得高大无比，就等于在无形中在心理上给彼此的交往筑起了障碍，拉大了与对方相处的距离。

现实生活有太多无奈，使你不得不去求人。当你在毕业后良久没能找到一份满意的职业时；当你已经工作，渴望趁机会得到晋升的时候；当你急等着用钱的时候……诸如此类，生活中有太多事情，是你目前凭着自己能力没办法办到的，此时，你就必不可免要去寻求身边有此能力的人帮助你，而你能否得到对方的帮助，很大程度上取决于你在办此类事情时的心态，总之，无论你要办什么事情，都应牢记一句话：只要肯求人。没有必要因为求人而感到颜面无存，更不要有种以求人自己多年来的地位便不保这样的想法，这个世界上，没有人能够一直站在高处，也没有谁的生活能够一直直线上升，每个人的人生都是反复迂回的，只有明白了这样的道理，放低姿态，你的人生才能够走出困境，朝着好的方向发展，你也才能离幸福更进一步！

放低姿态学会自嘲

生活中，我们每天都要和不同的人打交道，难免会有不好意思或者怯场的时候。此时，若是对自己的过失耿耿于怀，只会增加自己的紧张。所以，为了使自己不陷入失败之中，你应该洒脱一些，放低姿态的学会开自己的玩笑，那样一来，事情的进展往往会顺利得多。还有，会遇到一些令自己或者他人尴尬的事情，这个时候你若大动干戈或者摆出一副盛气凌人的姿态，那么，只能让事情变得更加尴尬，反之若是你能够用轻松的方式，自嘲地化解，则又将是另一番景象，毕竟，没有人会反对你拿自己开玩笑，而尴尬的局面也会在幽默的话语中被化解。所以，在别人嘲笑你之前，先嘲笑你自己。聪明的你不妨把"自己"当作嘲笑的对象，这样一来不但可以消除紧张、焦虑的情绪，而且可以提升自我的修养。要知道，没有人是完美无瑕的，坦白承认自己的缺点，就能把"缺点"化为个人独有的特点，这才是上上之策。

在酒店正在举行一次高端的酒会，到场的全是一些达官贵人，也有很多记者，这时，一个服务员在开酒的时候不慎将红酒溅到了一位穿着华丽的女士身上。服务员吓得手足无措，全场人目瞪口呆。这位女士却微笑地说："太神奇了，你怎么知道我一直觉得这件晚礼服有些单调呢？现在装饰它的红酒，太宝贵了，是一瓶82年的经典窖藏。"在场的人闻声大笑，尴尬局面即可被打破了。这位女士拿自己开玩笑，既展示了自己的宽广胸怀，又维护了自我尊严。

由此可见，适时适度地开自己一个玩笑，不失为一种良好的应对尴尬局面的良策，同时对于正处在尴尬境地的我们而言，也不失为一种体现自身修养的做法，是一种充满魅力的交际技巧。开自己的玩笑，不仅能制造宽松和谐的交谈气氛，还可以自己活得轻松洒脱，让他人感到你的可爱和人情味，甚至还能有效地起到维护面子的作用。

生活中，我们每天都要和不同的人打交道，难免会有不好意思或者怯场的时候。此时，若是对自己的过失耿耿于怀，只会增加自己的紧张。事实上，坦率地把自己的缺陷用幽默的方式讲出来，不仅不会引起他人的反感，反而可以得到他人的好感与尊重，让人们看到你非同寻常的气度。假如，你在演讲的时候，突然忘词了，此时，与其红着脸低着头，你不妨大方地说："瞧，演讲对我来说还真有些难度，虽然我练了好几个晚上，还是出现了失误，这也让我意识到，我需要学习和加强的地方还真是不少呢！抱歉了。"这时，大家就会原谅你糟糕的演讲。相反，你明知错了，却想方设法掩饰、装腔作势，或者表现不好意思，自己对自己耿耿于怀，只会令众人扫兴。因此，在办事的时候，能够大胆地同自己开个玩笑是很了不起的行为。同时，这也能活跃一下气氛，引起别人对你的接近。

当你处于非常窘迫的境地中时，机智地自嘲一下，是摆脱窘境的好方法，也是展示人格魅力的法宝。同时，你的机智与幽默也能够给身边的人带来一份轻松之感，让彼此之间的沟通变得更加和谐。当你因为自身的缺陷儿陷入尴尬境地时，如外貌的缺陷、言行的失误等，不妨将这些影响自身想象的地方自己大大方方地说出来，并巧妙的开自己一个玩笑，这样做，不仅不会让自己难堪，反而能够更好地展示自己的自信以及你潇洒不羁的交际魅力。

总之，在社交场合中，大家若能记住这样一句话——"不论你想笑别人怎样，先笑你自己"。那么，无论是在工作中还是生活中，你都会成为一个受欢迎的人。

第三章

较真，会让你迷失自己

糊涂如一挑纸灯笼，明白是其中燃烧的灯火。灯亮着，灯笼也亮着，便好照路；灯熄了，它也就如同深夜一般漆黑。灯笼之所以需要用纸罩在四周隔离，只是因为灯火虽然明亮但过于孱弱，容易被风吹熄；灯火还容易灼伤他人与自己。

明白也需要糊涂来隔离。给明白穿上糊涂的外套，是一种大智若愚的处世之道。一个人越早明白糊涂于人生的意义，就越早坐上开往幸福的列车。

较真的人活得累

经常会听身边的人说："活得真累！"于是乎什么"烦着呢！别理我""养家糊口真累"，都被赫然印在汗衫上，挎在了人们的前胸后背，招摇过市。这是一种压抑、烦躁、郁闷的心理情绪的表露和发泄，表明某些人的确活得累、活得慌。

究其"累"的原因，主要还是事事较真，缺乏"糊涂"意识。谈对象，你要把人家的生辰八字问个彻底；做父母，你要把别人给儿女的信都拆开检查；当主管，你连职员上厕所也要跟去看一看；别人说句话，你要颠三倒四考虑半天，总想从中琢磨出个"言外之意"。总之，事无巨细，你都要搞得入骨三分，循规蹈矩，认认真真，或是拿着鸡毛当令箭，或是拿着山鸡当凤凰。结果呢？你会钻入牛角尖。

该清楚的不能糊涂，该糊涂的也不可太清楚。记得一位社会活动家谈演讲的体验时说："当你越是清楚地意识到台下都是些专家、学者等权威时，你演讲才能的发挥就越会受到限制；你越是淡化这种意识，你的才能就越能得到充分发挥。这就好比有的著名运动员在临场时，越是担心成败反而越会一败涂地。"

人与人的交往免不了会产生矛盾。有了矛盾，平心静气地坐下来交换意见，予以解决，固然是上策，但有时事情并非那么简单，因此，倒不如糊涂一点的好。正如郑板桥所说："退一步天地宽，让一招前途广……糊涂而已。"

糊涂可给人们带来许多好处：

一则，可以减去生活中不必要的烦恼。在我们身边，无论同事、邻居，甚至萍水相逢的人，都不免会产生些摩擦，引起些气恼，如若斤斤计较，患得患失，往往越想越气，这样于事无补，于身体也无益。如做到遇事糊涂些，自然烦恼就少得多。我们活在世上只有短短的几十年，却为那些很快就会被人们遗忘了的小事烦恼，实在是不值得的。

二则，糊涂可以使我们集中精力于事业。一个人的精力是有限的，如果一味在个人待遇、名利、地位上兜圈子，或把精力白白地花在钩心斗角、玩弄权术上，就不利于工作、学习和事业的发展。世上有所建树者，都有糊涂功。清代"扬州八怪"之一郑板桥自命糊涂，并以"难得糊涂"自勉，其诗画造诣在他的"糊涂"当中达到一个极高的水平。

三则，糊涂有利于消除隔阂，以图长远。《庄子》中有句话说得好："人生大地之间如白驹之过隙，忽然而已。"人生苦短，又何必为区区小事而耿耿于怀呢？即使"大事"，别人有愧于你之处，糊涂些，反而感动人，从而改变人。

四则，遇事糊涂也可算是一种心理防御机制，可以避免外界的打击对本人造成心理上的创伤。郑板桥曾书写"吃亏是福"的条幅。其下有云："满者损之机，亏者盈之渐。损于己所彼，外得人情之平，内得我心之安。既平且安，福即在是矣！"正是基于此念，才使得郑板桥老先生在罢官后，骑着毛驴离开官署去扬州卖书。自觉地使用各种心理防御机制，避免或减轻精神上的过度刺激和痛苦，维持较为良好的心境。

人活一世，草木一秋，谁不愿自己活得自然、自由、自在呢？谁不愿自己活得潇洒、轻松、愉快呢？谁不愿自己事业蓬勃、财运亨通呢？谁不愿自己成为别人羡慕的人呢？那么，学习一下"糊涂经"吧。

常怀一颗宽容的心

聪明的人从不会为了小事儿而斤斤计较，他们大都知道想要拥有幸福的人生必须要让自己有大度的胸襟和非凡的气量，只有这样才能在社会中有如鱼得水般的生活；反之，如果度量狭小，嫉贤妒能，总是自以为自己世上无人能敌，而对身边的人百般挑剔，眼里容不了别人，心中装不下任何事儿，最后聪明反被聪明误，人际关系也无法得以很好的发展，那么，你必将失去人心，失去事业，更会失去幸福的生活。

每个人的内心都是敏感的，但这敏感常常是针对外人而不是自己，大部分人常常能把别人的缺点看得一清二楚，但即便如此，这也不代表，你就有资格对着别人进行严厉批评教育。如果你真的想要帮助对方改正错误的话，你也应该采用温和的方式，在不伤害对方自尊心的前提下，适宜的提出来的。如果一味地严厉的指责，不仅会给人一种不够亲和的感觉，还容易让对方对你心生怨恨，反而无法达到你的目的。

聪明的人想要避免遭受人为的困扰，关键在于宽容对方。为人处世不应用苛刻的标准去要求别人，要尊重他人的自由权利，只有做一个肯理解、容纳他人的优点和缺点的人，你才能真正地受到他人的欢迎。而一味地对人吹毛求疵，那么，只有叫你身边的人渐渐地疏远你，老朋友与你越来越远，新朋友对你敬而远之，那么，你的人际关系就会一落千丈，更别说搞事业了！

在中国提到潘石屹的名字，几乎没人有不知晓，尤其是在北京，没有人不知道SOHO这个名字，但就是这样的一个潘石屹，在新的一年即将来临之时，他却做了三件让人意想不到的事情，也因为这三件事儿，他让自己告别了过去一年中备受折磨的心情。

第一件事：他把这么多年来借了自己的钱却的确没有能力还上的同学、朋友的名字都写在一张纸上，然后用打火机将那张纸烧掉，让所有的旧账随着这张纸化为灰烬，并主动问清了他们的地址，给他们一一拜年，重新捡回当年的友谊；

第二件事：把曾经伤害过他、欺骗过他并在心里一直记恨的人列了个名单，也在火上烧掉了！对他来说，每天烦恼他的就是这些，现在他把这些都烧掉了，就再也没有折腾他的事儿了，没有了仇恨，心里反而安宁了；

第三件事：他把自己这么多年来伤害过，亏欠过的自己的人的名字都写下来，并通过各种方式找到了他们的联系方式，一个一个的打电话过去道歉，征求对方的原谅，让自己成为一个没有情感亏欠的人，他说这样子他的生活才能更加地轻松。

潘石屹说："当我做完这些事情后，我走出房间，站在阳台上，下午的阳光十分明媚，我觉得自己从未笑得如此轻松，我甚至有种如同大病初愈的感觉，是那么放松、愉悦。"

有容乃大，是一种非凡的气度、宽广的胸怀，是对人对事的包容和接纳，是我们都应该懂得的真理。生活中，对别人的释怀，也是对自己的善待。宽容的心态，不仅是一种生存的本能、生活的艺术，更是一种看透了社会人生以后的从容、自信和超然。

生活中，我们要学会宽容，宽容的面对生活，对待身边的人或事。因为，宽容不仅是一种成熟的标志，更是一种修养、成熟的体现。

宽容是一种人生境界，我们应该不惜一切去追求，人生在世，难免与人在某些事情发生口角或争执，此时，善于处理关系的人，往往能够以忍让的态度缓解彼此之间的矛盾，防止矛盾激化，表现出宽容的态度。

的确，纵观有所成就的人，他们在生活中常常不会与人进行无谓的争吵，也不会以压倒对方为乐趣，即便是在自己有理的时候，也很少会穷追不舍，逼人家认错，而是大都克制自己的好胜心，成全对方的自尊心，自己退一步，找台阶给对方下。在物质利益面前，他们也能克制住自己的欲望，尽可能地把方便、利益让给他人。这种宽容大度、吃亏让人的品格无疑会赢得较高的社会评价，也为他们赢得了很好的人际关系，成为其事业发展不二的助力。

大千世界，无奇不有，也许你身边的朋友做出了很多与你认同不相同的事情，可能让你无法理解，甚至让你有些气愤，此时，你该怎么做，与他争吵吗？真正懂得生活的人从来不会这样做，每个人都有着自己的想法，他们会平静下来问问自己，别人这样做对自己有损失吗？既然没有，那么自己又何必钻牛角尖呢？每个人有着自己的生活方式，我们应该学会包容，允许不同生活理念的存在，懂得尊重别人的选择，也认同别人的生活方式，并予以真诚的赞美。

因此，任何人都应该把自己培养成浩瀚的海洋，让自己具有容纳百川的胸怀，有容乃大，只有这样，你的人际关系才会越来越广，处事也会越来越顺利；反之，如果你总是斤斤计较，不愿接纳别人一点点的小过失，更没有办法吸取别人的教训，那么，你就只能成为一只井底之蛙，纵使有再大的理想抱负，也无法成就一番事业。

综上所述，现实中的你若要拥有良好的人际关系，很好的生活，成就一番事业，必须让自己的心绪变得平和，拥有宽容之心，善于理解别人。生活中，面对那些你想不通的事情，与其让自己钻牛角尖，不如换个位置，站在对方的角度去思考，去判断，也许就能够找到宽容对方的依据。

　　总是想要睁大双眼，眼里容不得沙子的人，不会看得很远，因为他不懂得原谅身边的人，身边的人也就无法成为他前进的助力，反之还会阻碍他的前行；反之，那些懂得适时睁一只眼闭一只眼的人，不会为了小事儿而斤斤计较，懂得宽恕的人，别人会悦纳他，他也才能走得更远，无论是在成功的路上，还是在追求幸福的路上。

斤斤计较，因小失大

　　生活中，无论你是个多么谨小慎微的人，也难免和别人在某些小事儿上发生冲突，每当这个时候，你选择何种方式面对，常常体现了你的心胸与修养。心胸狭窄，修养不高的人常常会选择斤斤计较，因小失大，最后导致彼此的关系变得很差；还有一种人，会选择包容过去，睁一只眼闭一只眼，这样一来，人们都会因为他的大度和修养愿意和他交往，他的人际关系自然也会越来越好。斤斤计较，没完没了的争执，不如潇洒地挥手，让不愉快随风而去。要知道，宽容就如缕缕和煦的春风，它会吹开人心中的愁结，让快乐永驻心间。

　　看电影或电视剧，我们常常无法理解故事中人物之间的那些仇恨，很难想象彼此之间怎么就能从好姐妹、好兄弟一下子就变成了有深仇大恨的敌人呢？但故事也源于现实生活，每个人都应该知道，敌对的心理和仇恨不是一次性形成的，而是一点点累积的，同样的道理，也可以一点点削弱。俗话说得好：冤家宜解不宜结。人与人之间，低头不见抬头见，还是少结冤家比较有利于你自己。

孟强曾经与阿南为了一个职位而争执得很激烈，甚至因为那件事儿，两个人在公司遇到了也不怎么说话，现在，孟强和阿南都已经是公司两个不同部门的主管，但孟强觉得，虽然现在彼此可以井水不犯河水，可未来的事儿谁知到呢？冤家宜解不宜结，与其让自己在公司里树立一个敌人，不如积极去化解多一个朋友。

就这样，孟强决定想个办法化解他与阿南之间的矛盾，但是一直都不怎么联系的两个人，如果此时他突然请对方吃饭或者送礼物，不免会让对方觉得自己动机不纯，甚至会降低自己的身份，最后，孟强决定趁着自己公休的时候出去旅游，借着旅游的机会，给公司的员工每人带一份小礼物，也为阿南借此机会准备一份礼物，就这样，三天后，孟强从旅游地回来，给每个人带了一份小礼物，而也将为阿南精心准备的礼物交给了阿南，因为他知道阿南有一个小女儿，非常喜欢猫，所以，孟强就专门找朋友去香港买了一个限量版的 Kitty 猫给阿南。

阿南也是明白人，一看这限量版的 Kitty 猫就知道是孟强精心准备的，再加上女儿非常喜欢，也就借机找孟强吃饭，说想替女儿谢谢孟强的礼物，就这样，两个本来在内心都堆放有抵触心理的人就这样缓解了当年的矛盾，也为彼此在公司消除了一个可能成为敌人的人，俗话说多一个朋友好办事儿，能做成朋友，何必要做成敌人呢？

如果你在生活中也遇到了类似的问题，那么，你也可以借助对方生日或者晋升的机会给对方一点真诚的祝福，缓解与对方之间的矛盾，要知道，没有人能够拒绝好意。另外，这样的事情，一定要提前去做，不要等到麻烦临门才想到去弥补，那时就太迟了，而且容易给人一种市侩的感觉。

也许，生活中有些人会觉得宽容会让自己显得有些软弱，对方既然不肯先走出一步，自己也大可僵着，但事实上呢？那样做有什么好处呢？宽容不能讨价还价，你不要觉得凭什么自己要宽容，为什么不是对方先做，又担心万一自己做了，对方不领情怎么办，事实上，当你有这样的想法的时候，你实际上离宽容已经很远了，换言之，你根本没有理解何为宽容，甚至给宽容冠以了错误的解释，要知道，宽容应该是无私的，因为无私，会彰显你的大度与修养。

小张和小李是大学同学，一次，小张向小李借照相机想去郊外拍照，但是小李却以各种理由没有借给小张。小张有点生气，又一次，小李向小张借她的笔记本电脑用一天要去别的学校做报告，小张尽管答应了，却在给小李电脑的时候，很明确地告诉小李"上次你没有借我相机，但是这次我依然借给你电脑。"听到这话后，小李有点不好意思，最后也没有借电脑，这其实并不是宽容，而是一种"报复"。

如果小张很高兴地把电脑借给小李，并告诉她这电脑使用的一些问题，并热情地把充电器之类的东西都交给小李，绝口不提照相机的事儿，这才是宽容，也是最能打动他人的方式。

日常生活中，也许我们身边多是有报复心理的人，但也正是如此，你才应该做一个宽容的人，因为你的大度会在这样的社会中卓尔不群，一下子彰显出来。当然，生活中，你的宽容也大都应该从利己的一面出发，这样你做起事情来会更加有动力，毕竟，多个仇人不如多个朋友。

当你宽容对他人时，你会发现，其实没有什么事儿是过不去的，而此时你也会觉得很轻松，之前的烦恼一扫而光，你的心中也毕竟充满自信与安宁。

因此，我们每个人应该积极地去化解生活中那些微不足道的小摩擦，千万不要让那些本微不足道的摩擦成长为阻碍你前进的"仇恨"。大家在面对生活时一定要大度，懂得宽容，毕竟一味与仇恨较劲儿，浪费的是你的青春与精力，所以，从现在起忽视并忘记摩擦吧，当你无视它时，它就会渐渐地消失，更不会上升成"仇恨"，而你的人生之路也会少一些坎坷，多一些平坦。

不要在仇恨中迷失自己

"一只脚踩扁了紫罗兰，它却把香味留在那脚跟上，这就是宽恕。"这是马克·吐温曾说过的一句话，深刻而明了地点出了何为宽恕。

生活中，我们难免在一些事情与人发生争执或产生不和，也难免会受到他人的攻击，每当这个时候，我们心里所想的大都是马上报仇，即便现在没有能力报，也要把仇记下来，他日定当如数奉还，"以牙还牙"……但在记仇的日子里其实受罪的是我们自己，因为放不下，所以总是耿耿于怀，事情做不好，甚至连吃饭都觉得不想，满脑子都想着怎么报仇，这个时候，太多人不明白，让我们难受的其实往往已经不再是别人曾经的过失，而多半是我们自身的坏情绪，我们被这些坏情绪所控制，因而过得很不舒服。

这个时候，若我们能放下便会释然的多。诚然，与宽容相比去宽恕曾经伤害过我们的人更难，因为毕竟，这个人曾经带给过我们或多或少的伤害，因为他可能很长时间让你陷入苦痛的感觉之中，也可能因为他你甚至失去了生命中宝贵的东西……

但仇恨不是我们的解脱的途径，我们要做的不是活在对昨天的回忆中，而是应该好好地珍惜眼下的幸福，放眼未来，这样我们才能抛开愤怒，去原谅那些伤害过我们的人，我们也因此能够获得内心的平静，宽恕他人在某种程度而言也是对我们自己的宽恕，毕竟，活在仇恨的日子是绝不好过的！

李大姐的小狗咬了邻居家的孩子，邻居为了报复她，趁黑夜偷偷地放了一个花圈在她家的门前。

第二天清晨，当李大姐打开房门的时候，她震惊了。她瘫坐在地，好久都无力站起来。这是多么恶毒的诅咒，竟然想置人于死地而后快！

李大姐家的狗犯了错，她已经赔礼道歉，并承担了邻居孩子的医药费。按道理邻居应该就此"放过"李大姐。邻居的做法让李大姐气得浑身发抖，她觉得自己绝对不能"就此罢休"。

隔日，李大姐拿着家里种的一盆漂亮的茉莉花，趁黑夜放在了邻居家的门口。清晨邻居打开房门，一缕清香扑面而来。

一场纠纷就这样烟消云散了，李大姐跟邻居和好如初。

冤冤相报何时了？

李大姐当时也想过各种泄愤的方法，最后她冷静下来，决定宽容邻居。宽容对方，除了不让对方的过错来折磨自己之外，还处处显示着她的淳朴、她的坚实、她的大度、她的风采。只有宽容才能愈合不愉快的创伤，只有宽容才能消除一些人为的紧张。学会宽容，意味着你不会再心存芥蒂，从而拥有一份流畅、一份潇洒。

古希腊神话中有一位大英雄叫海格里斯。一天他走在坎坷不平的山路上，发现脚边有个袋子似的东西很碍脚。海格里斯踩了那东西一脚，谁知那东西不但没被踩破，反而膨胀起来，加倍地扩大着。海格里斯恼羞成怒，操起一根碗口粗的木棒砸它，那东西竟然长大到把路都堵死了。正在这时，山中走出一位圣人对海格里斯说："朋友，快别动它，忘了它，离开它远去吧！它叫仇恨袋，你不犯它，它变小如当初；你侵犯它，它就会膨胀起来，挡住你的路，与你敌对到底！"

如果一个人心中时时怀着仇恨，这仇恨就会像海格里斯遇到的仇恨袋一样，一次次地放大，一次次地膨胀，总有一天它会隐藏你内心的澄明，搅乱你步履的稳健。

在生活中，我们难免会与人发生摩擦和矛盾。这些并不可怕，可怕的是我们在仇恨中迷失了自己，不惜彼此伤害，让摩擦和矛盾越积越深，致使事情发展到不可收拾的地步。

用宽容的心去体谅他人，把微笑真诚地写在脸上，其实也是在善待自己。当我们以平实真挚、清灵空洁的心去宽待别人时，心与心之间便架起了相互沟通的桥梁，这样我们也会获得宽待，获得快乐。

《百喻经》中有一则故事：

有一个人心中总是很不快乐，因为他非常仇恨另外一个人，所以每天都以嗔怒的心，想尽办法欲置对方于死地。

为了一解心头之恨，他向巫师请教："大师，怎样才能化解我的心头之恨？如果有什么法术可以上我的仇人，我愿意不惜一切代价学会它！"

巫师告诉他："这个咒语会很灵，你想要伤害什么人，念着它你就可以伤到他；但是在伤害别人之前，首先伤到的是你自己。你还愿意学吗？"

尽管巫师这么说，但一腔仇恨的他还是毫不犹豫地回答："只要对方能受尽折磨，不管我受到什么报应都没有关系，大不了同归于尽！"

为了伤害别人，不惜先伤害自己，这是多么的愚蠢？

然而现实生活中，这样的仇恨天天在上演，随处可见这种"此恨绵绵无绝期"的自缚心结。仇恨就像债务一样，你恨别人时，就等于自己欠下了一笔债；如果心里的仇恨越多，活在这世上的你就永远不会再有快乐的一天。

冤家宜解不宜结。这世上本就没什么解不开的深仇大恨，所有的都只是人们的一种执念在心里作祟。仇人的存在，有时候是我们目光短浅、孤陋寡闻所致，而你一旦想改变这种先入为主的第一印象，却是难上加难。所以，这一切要靠你的勇气和非凡的远见和卓识，包容别人，也是在宽恕自己。用发自内心的慈悲解除冤结，这是脱离仇恨炼狱最有效的方法。

"二战"期间，法西斯的部队给太多人带来了不可磨灭的伤害，很多人对法西斯及法西斯的部队充满着仇恨。

那天，法西斯终于投降了，大街不远处缓缓地走过来一直被押解的法西斯战俘，人们闻讯纷纷聚集过来，每个人都瞪着眼睛恶狠狠地看着这些战俘，想到他们的恶行，人们恨得牙痒痒。

这个时候，一个中年妇女从街对面跑过来，离她最近的一个战俘是一个伤员，一只腿上绑着绷带，头上也缠着绷带，看到气汹汹的中年妇女，他下意识地后退了一两步，一个趔趄摔在了地上，女人抬起脚，想要狠狠地踹上一脚，却在落脚的一瞬间犹豫了，战俘蜷缩着头，等着女人踹，半天也没见女人落脚，睁开眼睛，看到女人站在自己的身边。

女人看着战俘，眼前的这个人也就 20 出头，和自己死去的儿子年龄差不多，那一瞬间，她犹豫了，她没有办法去踹他，因为战争不是他的错，而他或许也是受害者，女人想把自己怀里的半个面包递给那个战俘，战俘愣了，没敢接，女人直接放在了战俘的手上，战俘拿着面包马上啃了起来，边吃边呜咽着，而另一边，女人也蹲在地上哇哇地哭了起来……

宽恕曾经伤害过我们的人绝对不是一件容易的事情，但换个角度去思考，不宽恕便会成为仇恨，一个人长期生活在仇恨与愤怒之中，心里会好受吗？生活会好过吗？你到底是要报仇还是跟自己有仇呢？

诚然，等待有朝一日报复那个伤害过你的人那一瞬间会让你觉得很过瘾，可之后呢？你会陷入更多的苦恼之中，报复远比不上宽恕，因为，在报复中，你会迷失自己，迷失幸福的生活，而在宽恕中你可以开拓美好的未来。毕竟一切已经过去，我们更应该面向阳光，珍惜眼前的生活。虽然这不是一件容易的事，但是如果我们这样做了，就会从中体验到我们的富有和强大。

有些噪音不需要"听见"

吕端在作北宋参政大臣、初入朝堂的那天，有个大臣指手画脚地说："这小子也能作参政？"吕端佯装没有听见而低头走过。有些大臣替吕端打抱不平，要追查那个轻慢吕端的大臣姓名，吕端赶忙阻止说："如果知道了他的姓名，怕是终生都很难忘记，不如不知为上。"吕端对付"记得"的招数，直接干脆是"不听"。没有听见，就无所谓记得不记得了。

这个世界似乎很嘈杂，我们的耳膜里总是充斥着各种各样的声音。有些声音让你开心，有些声音让你尴尬，有些声音会让你恼火……

有一位叫露丝的美国女士，她喜欢说的一句话是："你说什么我没听到哦。"这句话给她的生活与事业带来了双丰收。

露丝在自己举行婚礼的那天早上，在楼上做最后的准备，这时，她的母亲走上楼来，把一样东西放在露丝手里，然后看着她，用从未有过的认真对露丝说："我现在要给你一个今后一定用得着的忠告，那就要你必须记住，每一段美好的婚姻里，都有些话语值得充耳不闻。"

说完后，母亲在露丝的手心里放下一对软胶质耳塞。正沉浸在一片美好祝福声中的露丝十分困惑，不明白在这个时候塞一对耳塞到她手里究竟是什么意思。但没过多久，她与丈夫第一次发生争执时，便明白了老人的苦心。"她的用意很简单，她是用一生的经历与经验告诉我，人生气或冲动的时候，难免会说出一些未经考虑的话，而此时，最佳的应对之道就是充耳不闻，权当没有听到，而不要同样愤然回嘴反击。"露丝说。

但对露丝而言，这句话产生的影响绝非仅限于婚姻。作为妻子，在家里她用这个方法化解丈夫尖锐的指责，修护自己的爱情生活。作为职业人，在公司她用这个方法淡化同事过激的抱怨优化自己的动环境，她告诫自己，愤怒，怨恨，忌妒与自虐都是无意义的，它只会掏空一个人的美丽，尤其是一个女人的美丽，每一个人都可能在某个时候会说出一些伤人或未经考虑的话。此时，最佳的应对之道就是暂时关闭自己的耳朵——你说什么，我没听到哦……

明明听到了，却要说没听到，并做到"没听到"的境界，当然不是那么容易。但正是因为不容易，才区分出一个人情商的高低。你也许不能一下子就跃升到露丝的境界，但不妨从现在起、从对待身边的人起，尝试一次"听不到"，再尝试一次……

万事开头难，但开头之后，再刻意坚持坚持，或许就"习惯成自然"了。心理专家认为改掉旧习惯、养成新习惯只需要 28 天。也许，你改掉喜欢计较他人说话的习惯，只需要 28 次"听不到"就可以养成新的习惯。不信，你试试。

有些事情不需要"说透"

我们从小被教育做人要"知无不言，言无不尽"，意思是知道的就要说，要说就毫无保留地说。但长大后却发现，这句箴言是有问题的。首先，什么是"知"，是"真知"还是你所"知"？其次，如果什么都"知无不言，言无不尽"的话，人岂不成了一台不知停歇的喇叭？再者，无所顾忌的"言"，难免变成伤人的刀。

邻居老张和妻子干架，令老张脸上挂彩。有好事者问你老张伤从何来。你"知无不言"地说明来由，有必要吗？然后还"言无不尽"地传播他们之所以干架的原委，不是多事吗？一句"不太清楚啊"回答，不是很好吗？要是好事者继续诱导你："听说是老张妻子发飙……"你装糊涂，一句"是吗？我不清楚"给打发了，不是很好吗？

无关紧要的事情，要说那么清楚透彻干吗？不但自己累，还容易招来别人的怨恨。人人都有好面子的心理，只是程度的深浅有所差别而已。张三手腕上的名表你一看就是仿品，在他述说多么名贵时，你小小即可，不要打扰他人的兴致。

夫妻间吵架，要你去评理。你还真的把自己当公正的法官，问清事情的来龙去脉，"知无不言，言无不尽"地把谁是谁非分析得头头是道。结果，被你分析得没有道理的人不服，争吵继续。吵架过后，先是一方怨恨你，等到他们夫妻和好，怨恨你的说不定变成了两个。这样的例子屡见不鲜，真是何苦呢！人家的家务事，你判得清？还不如一上场就抹稀泥，做一个糊涂地和事佬。

在圣诞节，一位带着礼物的圣诞爷爷问小邓肯："小朋友，猜猜圣诞爷爷给你带来什么礼物了？"小邓肯严肃地说："世界上根本就没有圣诞爷爷，你是假的圣诞爷爷。"圣诞爷爷觉得这个小女孩很可爱，就逗她："要相信圣诞爷爷的小朋友才有糖果吃噢。"小邓肯回答："我才不稀罕糖果呢。"

小邓肯因为小，直言直语还透着些许童言无忌的可爱。但成年人生活中一些看似坦率的实话，实在没有必要全部实说。有时候，善意的谎言是生活的希望，是沙漠中的绿洲。在美国著名作家欧亨利的小说《最后一片叶子》里，讲述的就是一个善意的谎言的故事。当生病的老人望着窗外凋零衰落的树叶而凄凉绝望时，充满爱心的画家用精心勾画的一片绿叶去装饰那棵干枯的生命之树，从而维持一段即将熄灭的生命之光。这难道不是善意谎言的极致吗？

说了那么多，并非鼓励大家遇到任何事情都不表态、做个"滑头"，而是要告诉大家不要被一些世俗小事牵绊住，一味地求真。遇到大的原则问题，"知无不言，言无不尽"是不二选择。只是，人的一生，真正遇上的原则问题又有多少呢？

做到一笑泯恩仇

报复远比不上宽恕，因为，在报复中，你会迷失自己，迷失幸福的生活，而在宽恕中你可以开拓美好的未来。毕竟一切已经过去，我们更应该面向阳光，珍惜眼前的生活。虽然这不是一件容易的事，但是如果我们这样做了，就会从中体验到我们的富有和强大。

李立明和张炜是大学同学，李立明的家境很多，而张炜出身农村，有段时期，张炜时常感到很自卑，有一次学校同学聚会，去 KTV 唱歌，张炜千方百计地推脱有事儿不去，和他同宿舍的李立明知道，张炜可能是因为没有钱而不去，就告诉张炜他出钱，但是张炜还是不去，后来，李立明知道原来张炜是碍于面子，觉得自己穿得不好不愿意去，于是，就把自己的一套衣服借给张炜穿，张炜对李立明心存感激。

到了 KTV，大家果然对张炜的打扮大为称赞，尤其是班上有一个女孩，更是和张炜走得很紧，然而这却让李立明感到很不舒服，因为那个女孩是他的"梦中情人"，李立明也曾多次对女孩表露心声，只是无奈总没有得到女孩的答案，今天本想借此机会和女孩拉近下关系，没想到风头全被张炜抢走了，顿时心里感到很不舒服，便一个人喝起闷酒来。

聚会快结束的时候，李立明已经喝得东倒西歪了，听到张炜说要送女孩回家，心里大为不高兴，冲上去一把抓住张炜的衣领，对女孩说："我就不明白了，你看上他什么，要不是我借他这身衣服，你能看上他吗？"李立明借着酒劲说个没完。

张炜松开李明伟的手，想要解释，却不料衬衫一下子就被李立明被扯坏了，李立明见状后对张炜说："我告诉你，这身衣服很贵的，你要赔给我，真没想到，你推脱不来，因为没有钱，我给交钱，没衣服我借你衣服，你明明知道我喜欢她……你就是一个卑鄙小人……"

听着李立明的话，张炜脸一下子就热起来了，虽然大家都觉得李立明说得过分，也喝多了，但在听了李立明的话之后诧异地看着张炜。

张炜觉得很没面子，脱下外套丢给李立明一个人跑掉了，一路上，他发誓一定要把今天所受的侮辱都还给李立明。

　　回到宿舍之后，张炜便找老师主动调换了宿舍，虽然李立明也来找过张炜对那天的酒后失言表示过歉意，但对张炜来说，一两句道歉是绝对不够的，就这样，张炜在心里计算着怎么才能让李立明出丑，每天脑子里想的都是这些事，上课想睡觉也想，渐渐地，张炜的成绩开始大幅的滑落，而他却又将这些事情加到了李立明身上，就这样，张炜对李立明的积怨越来越深。

　　期末会考，张炜从名列前茅一下子变成了名落孙山，他觉得这一切都是李立明的错。

　　考完试后，大家决定再出来聚聚，这次让大家都很意外，张炜显得非常主动，还主动找李立明一起来，大家都以为他们两个冰释前嫌了，却没承想，张炜早前在网上订购一种迷药，想等到聚会的时候给李立明吃上，让他大大的出丑。

　　聚会上，张炜把已经放好药的啤酒递给李立明，本想着他喝下去后出丑，结果，李立明喝下去没多久便昏倒在地不省人事，被送到医院抢救很久才醒过来，医生说是中毒导致的，随后警方也介入到此事中来，没多久，就查出来是张炜在啤酒中下了毒，就这样，张炜被警察抓了起来，幸好李立明及其家人没有对其提起诉讼，张炜被拘留15天便被放出来了，可事情已经传到了校方的耳朵了，眼看还有一年毕业的张炜就这样被开除了。

　　张炜因为自己的难易释怀，最终让仇恨把自己的生活拖入了深渊，为了他人的过错而折磨自己值得吗？因为无法释怀而跟自己过不去，甚至走上了极端的复仇之路，搭上了自己原本可以幸福的生活值得吗？

　　本来张炜也可以拥有自己的人生，考上大学改变了命运，可以为了梦想而执着，但不能因为仇恨，做自毁前程的事！很多时候我们没有预知能力，很多事情不到发生的一刻我们无法知道结局，虽然无法预知结局，但我们却有改变结局的能力，那就是不要任心中的仇恨渐渐生长，而是早一点去释怀，走出仇恨的枷锁，宽恕别人过错，对自己而言才是一种心灵的解脱。

第四章

贪婪，才是最真实的贫穷

因为贪婪，于是人们开始竞相追逐，等到他日得到渴望的东西，又会感慨迷茫，恍然间得知，原来，得到一直渴望得到的东西，并等于快乐。

的确，快乐从来不是人的所属物，幸福更不在未知的以后，幸福和快乐就在眼前，它是一种对当下生活的肯定，它源自对当下生活的满足感，常言说：知足常乐！

不知足，不快乐

人们常说，知足者常乐，的确，知足是构筑幸福生活不可或缺的要素，无论你当下的生活有多么的不如意，但只要你心中有知足感，那么，你就能够找到幸福。

当然，常言也说："不满足是向上的阶梯"，诚然，人生不能缺少进取心，但过分地追逐名利往往得不偿失。其实，很多时候，只要你努力过了，付出了，也得到了收获，就不该对自己过分苛求，要知道，知足才能打开幸福的大门。

知足其实是一件非常容易的事情，只要我们对所拥有的东西感到满足便能得到，然而，现实中却很少人能够做到，他们总是无法客观并且准确地认识到自己已经获得的东西，总是不断地抬高自己的目标和理想，不满眼前的状态，从始至终都激进，因而很难用平和的心态面对人生，很难感受到就在身边的幸福。

一个很成功的商人，穿着名牌服装，带着名表，开着名车，住着古堡建筑的别墅，闲暇时间还能够出国购物……但是他却感觉不到幸福，回忆自己年少时的梦想，以为得到这一切财富就能收获快乐，直到拼搏了大半辈子才发现，原来，所谓幸福与财富并不想等，有些时候，你拥有了全世界的财富却比不上一个乞丐快乐。

像这位商人一样，为财富奋斗了大半辈子才悟出"有钱买不等于幸福"的人不在少数。如果他们肯在拼命赚钱的同时，多给自己一些时间，停下脚步去享受现有的生活，对自己的生活多一些满足，便不会在多年之后的现在才感慨时间已过，幸福不再。这个世界上唯有知足的人才能领悟幸福的奥秘。

的确，你也会说，自己何尝不想停下来享受生活，只是并非自己不满足，而是当下社会压力这么多，能停的下来吗？不可否认，生活中的压力随处可见，但那绝不是你不知足的借口，这个世界上没有任何人可以给自己减压，只有你能够将自己释放，把心态放得淡然些，把握现在的生活，用知足的心态面对已经得到的一切，享受已经得到的幸福，这才是把握当下的意义，才是快乐的真谛。

懂得知足就是要有适可而止的精神，知足并不是安于现状；不是不思进取；更不是故步自封，而是对当下已经拥有的东西的珍惜与满足，对眼前生活的充分享受，更是对未来生活的蓄势待发，为今后的创新和进步提供更广阔平台。知足常乐的心态是理性进取的基础。在生活中，我们时常犯的错误就是，总是在考虑没有得到的东西，而常常忽略自己手中已有的东西，受欲望的驱赶，常常把太多的经历浪费在不正当、不适合我们的事物中，甚至为此不择手段，直到有一天，我们得到了自己欲望唆使的东西后才恍然那并非快乐，但已经无法回头。

李晓奇隔着铁窗望着自己的儿子，心里说不出的后悔，儿子还那么小，他不停地拉着妈妈的袖子问，爸爸怎么进到那里面去了，什么时候出来，不是说要一起去迪斯尼玩吗？

听着儿子的话，李晓奇的妻子哽咽着，李晓奇更是流下了眼泪。

回想当初的生活，多么的幸福啊，怎么自己就是不知道满足呢？

李晓奇大学毕业后就和妻子结婚了，婚后妻子去了事业单位上班，而他则下海经商，那真是十年如一日啊，不过李晓奇脑袋好使，生意越做越好，在别人能否在公司求个一官半职养家糊口而烦忧的时候，30出头的他已经是小有名气的私营老板了。

那段时间的李晓奇是风光的，当然他的妻子也跟着自豪，看着事业越来越稳定，他们决定要一个孩子，一年后，李晓奇的儿子出生了，对这个家庭来说无疑是一桩大美事。

但是随后，李晓奇开始感觉，要继续为了家人的幸福而努力打拼，虽然妻子无数次说已经很满足现在的生活了，可是李晓奇不以为然，李晓奇有了一种迫切生财的念头。

恰逢这个时候，他的一个大学同学找到了他，说一起做一个项目，虽然那个同学讲得很委婉，但是李晓奇一听便明白了所为的项目其实无异于商业融资，以李晓奇现有的公司为背景，加上同学的人脉两个人合伙融资，李晓奇觉得虽然风险很大，但是也可行，于是便和同学合作了。

可是没想到，恰逢经济危机，融资过来的钱办了两个项目结果都赔了大钱，随后，他们融资的钱只能用来填补上次融资的亏空，就这样，就像是滚雪球，负债越滚越多，最后，很多人举报了李晓奇的公司，也因此，李晓奇因商业诈骗入狱……

现在李晓奇回忆起来，无比的后悔，当初风险有多大他早就知道，可就是贪念和不满足使他越陷越深直至无法自拔，他也因此失去了原本幸福的家庭。

知足是幸福的基础，一个懂得知足的人无论在什么时候都能够冷静且心平气和地看待问题，尤其是在遇到人生的抉择或者心里不平衡对待的时候，总是能够多想想自己已经得到的东西，这样一来，他们很快便能恢复平静的心情，将心中的不悦之情、不满之气通通释放掉，心情自然也就变好了。

当我们感到生活不美满的时候，开始怀疑自己是不是个倒霉鬼的时候，不妨多想想知足这两字，让自己多去想想已经得到的，少一些贪心，无论是对钱、对名抑或是对情，都淡然一些，这样，我们才能看得更远，得到更多！

如果你还在为不快乐而烦恼，如果你还在抱怨生活得不够幸福，那么，绝非你的生活出了问题，而是你的内心出了问题。这个世界上，能让人烦恼的往往只是一件事儿，那就是想要得到的东西没能得到，因为不满足而感到烦恼，气不顺，心里不平衡。

如果我们能够对人生少一些要求，少一些私欲，反之，变得知足一些，少去钻牛角尖，生活便会是另一番样子。

希望越大，失望也越大

这个世界上，每个人都有自己的愿望，但有一句话："希望越大，失望也越大。"欲望是难以填满的深谷，面对深谷，与其放任自己弥足深陷最后葬身其中，不如收敛起些许的欲望，多一些平常心的生活，珍惜眼前所拥有的，这样，你的生活才会是真实的，幸福的。

古时候有一个故事，两个人去太阳谷淘金，第一个人装了一个袋子马上走了，以免被太阳的高温灼伤；而第二个人看着满地的金子，不停地装，第一个人喊他，他就说再等等，眼看着太阳光就要升起来了，他才想起要跑，可是这个时候，身上背的金子太重了，根本走不动，第一个人让他丢掉金子，他可以分给他一半，但是他不肯，最后被活活地烧死了。

的确，欲望有的时候就像是滚雪球，会越滚越大，在后面追赶着我们向前走，但你真的坚定前方就是幸福的目的地吗？

生活中，我们习惯了为了目标拼命，习惯了向生活索取，以为得到的越多生活便会越幸福，殊不知，当我们费尽心思的为了所谓的目标拼命时，已经错失了幸福的机会，因为这样的人永不会停下来，完成了一个目标，他会开始另一个，接着是下一个，永无止境的欲望或唆使他耗尽一生去追逐，不断地追逐，得到的是一生的烦恼。

有些时候，在大城市生活惯了的我们，享受了无数的美好之后，很难理解那些生活在条件艰苦的小山村的人为什么总能那么快乐，但如果你融入他们的生活，不需要很久，你就能明白。这是因为，他们的利欲之心很淡，一点点的小事儿都足以让他们快乐，或许因为未曾拥有所以得到了更为之欣喜。但换个角度，未曾拥有他们尚可以如此快乐，而在他们眼中已经无所不有的你，为何整日苦着脸呢?

贾鑫一直是一个很有上进心的人，大学毕业后，他便开始积极的工作，一拼就是四五年，当然，这种拼劲也让他年纪轻轻就成了公司的中层管理。这个时候，家里人催促他和相恋五年的女友结婚，他却总说再等等，不是因为不在乎女友，而是觉得工作还需要拼搏，现在不是结婚的时候。

理解他的女友一次次的妥协了，但是女人终逃不过年龄的威胁，一眨眼的工夫，曾经年轻的女友已经年过三十。但贾鑫却时时没有与女友结婚，在他心里，他还有太多目标没有完成，就这样，女友选择了别人，不是因为不爱，只是因为贾鑫没有给她一个承诺。

女友的离去没有让贾鑫开始反思自己的生活，相反他更加拼命了，没完没了的应酬，没完没了的喝酒谈生意……时间一过又是四五年，贾鑫如愿当上了公司的总经理，就职会上，贾鑫又给自己定了新的计划，可就在那没多久，贾鑫竟然昏倒了在办公室，到医院检查是因为长期的忙碌工作、吸烟喝酒、不良的生活习惯所导致的。

医生告诉贾鑫："以后少喝酒，减少应酬，身体重要，这样才对得起你的家人啊，对了，你有妻子了吧，你可以告诉她多给你做一些清淡的食物吃，这对你的健康很有帮助！"

医生无意间的一句话，让贾鑫为之一愣，是啊，自己眼看就40岁，这个时候，他突然想起了曾经的女友，想到在一起的时候的快乐，想到当初为什么没有结婚？

贾鑫找到了大学的同学，得到了女友现在的地址，那天早上，他早早地来带女友家门前，不为别的就是想看看她，没一会儿，那扇门开了，女友还是那么漂亮，而且更成熟了，她身后的男人抱着一个小男孩，他们幸福得有说有笑……

贾鑫看着那一幕，曾几何时，这是他想象中的幸福，然而，他怎么就错过了，贾鑫离开女友家，站在树下，深深地吸了一口气，突然觉得轻松了很多，而后他开车去了大学时候最喜欢的快餐店，点了一份盖饭，没想到老板娘时隔那么久还记得自己，像以前那样给自己的盖饭上加了一个煎蛋，贾鑫吃着，觉得这么久从未吃过这么好吃的东西，也就在那一刻，他恍然觉得，自己拼搏了这么多年，以为能够得到幸福，却不料，原来幸福在被自己忽略的小事中，只是曾经的他没有为此而感到满足，因为欲望让他想要的更多，同时也失去了更多！

对于幸福，有的时候我们需要的仅仅是盖饭中的那个煎蛋，当然你可以把煎蛋换成鲍鱼，或者更名贵的东西，但那并非最适合你口味的。

人生中的幸福与欲望从来是不成正比的，你期盼的越多，就会失去得更多！

贪婪是欲望的牢笼

看过很多有关寻宝题材的电影，最后总有一批想要将宝藏占为己有的人死去，最后得出一个道理，为了不属于自己的东西而拼命的人通常不会有好的结果，被不属于自己的东西引诱，而以身犯险，最终大都得不偿失的失去所有，乃至生命。

所以，面对生活中的诱惑，我们应该少一分贪婪，多些理性的思考，这样才能避开那些设在生活之中的陷阱，才不会被贪婪的欲望套牢。

这个世界上最容易上当受骗的就是爱贪小便宜的人，因为心中贪婪，忘记了天上不会掉馅饼的道理，为了一点甜头，最后吃尽苦头。

现实中，因为一点蝇头小利，受贪欲趋势而吃大亏的例子屡见不鲜。

李明和他的弟弟高中毕业后就开了一家手机店，卖起了组装手机，组装手机的外形和很多大牌手机是一模一样的，但使用起来却截然不用，你可能会说，既然如此，人们为什么要买呢？答案只有一个啊，便宜喽，除此之外，李明和他弟弟还自由一套推销手段。

当有顾客咨询手机价格的时候，李明就会问弟弟："老板那个某某机型最便宜多少钱来着？"

他的弟弟会说："1200 元"，这个时候，李明会装作故意听不见，不停地问多少，多少，直到他的弟弟一连说了三四遍，李明会转过头来对顾客说："对不起，耳朵以前受过伤不大好用，这款手机是 720 元！"

这个时候很多顾客会再三确认，但李明依旧会说"720元"，为了贪图那点便宜，很多顾客都不会对机子进行系统的检查而多半是匆忙的付账，怀着占了便宜的美好小心情走掉，殊不知，那款组装的手机成本不足200元！

除此之后，最近还在电视上看到了这样一个报道，一些人专门用丢在地上的一些首饰之类的东西引诱拾到者并且骗取巨额钱财。

前不久李女士就遭遇了这样一件事儿。

李女士今年55岁了，那天在去超市回来的路上，意外的路边发现了一个小盒子，刚要捡起来，旁边一个年轻的女孩也走过来先李女士一步捡了起来，打开一看，是一条手链，"哇，这款手链我见过，挺贵的呢！"女孩说道，又看了看身边的李女士，便故作态度地说："阿姨，这个是咱俩一起看到的，我特别喜欢，要不我给你点钱你给我吧！"

李女士一听，自己什么也没干，就能拿钱，自然是很开心，于是，女孩让李女士在原地等，说自己去取钱，说既然他俩说好了，所以失主来了也不能给了，李女士点头答应，便在原地等。

没一会儿，一个小伙子匆匆忙忙的过来，好像是在找东西，看到李女士便问："您看到一个盒子没？里面有一个手链，那个是我刚给我未婚妻买的，5000多呢，让我不小心给丢了，这可怎么办？"

李女士犹豫了一下摇摇头说没看见，但进一步确定这款手链很值钱，这个时候，那个女孩也回来了，对李女士说银行出故障了取不出钱来，女孩故作纠结的待了一会，对林女士说："要不我给你了，你给我

800 块钱就成！"

李女士思前想后，觉得 800 元换 5000 多很划算，便同意了，因为是捡了别人的东西有私自做了交易，所以李女士拿着手链便匆忙地回家了，到了家里这才来得及仔细一看，发现并不是什么真金的啊，后来儿子回来了，一看便说李女士上当了，那根本就是条连 20 块钱都不值的假货。

后来，李女士报了案，经过警察调查，李女士才恍然大悟，所为的失主和女孩都是人家设的套，经过这一次，李女士也长了教训，以后再也不贪小便宜了！

这个世界没有免费的午餐，如果你因为一时的贪婪而贪小便宜，无异于掉入了一个陷阱，与你失去的相比，你所得到其实只是九牛一毛。生活中的陷阱处处都在，可能是一些小便宜，小利益，也可能是一些违法犯罪的大陷阱，但设这些陷阱的人都是抓住了人们内心的一个特点——贪婪的欲望，因为心中有贪念，所以常常在选择的时候缺乏理性的考虑，于是一个不经意便一失足成千古恨啊！

贪婪的欲望就像是毒品，一旦沾染就很难摆脱，然而，你始终要记得，因为贪婪而选择的路，等待你的绝不是如你所愿的美好与幸福，相反，是让你无法自拔的陷阱。

摆脱贪婪的蛊惑，对生活少一些贪欲，对现状多一些满足，对世事多一份冷静与清醒，这是我们每个人都该具备的素质！

少受欲望的影响

假如生活中的我们能够把欲望降低一些，把欲望看淡一点，在拼命的同时也多留出一些时间给自己去感受生活，抛开那些让我们烦恼的琐事，打开禁锢我们心灵的枷锁，用一颗平和的心悠然的生活，那么，就算全世界都认为你不成功，至少你对自己说，"我很幸福！"

面对生活，难免受到很多烦恼的侵袭，这些烦恼时常让我们身心疲惫、痛苦不堪，然而想要改变这种不良局面，只能从我们的心态入手，你只有摆脱内心这些烦恼的束缚、将它们统统从脑袋里抛开，才能获得心灵上真正的放松，充实享受幸福生活的权利。

人这一生不能避免掉所有的烦恼，因为，只要活着，就会被一些事情占据着，被一些烦恼扰乱着，就可能会让我们时常感到不安与焦躁。

但事实上，那些占据我们内心的事情却并非那么重要，重要到我们必须放在心里，很多时候，我们都只是忧人自扰。

焦恩是一位成功的商人，赚了几百万美金，虽算不上数一数二的富豪，但是过无忧无虑的生活是没有问题了，可他似乎从未感到过快乐与放松。

焦恩下班回到家里，他的家装修得很漂亮，很舒适，可他却并没有感到丝毫的开心、放松。相反，他感到很烦躁，在客厅不停地走来走去，差点被小儿子丢在客厅地上的皮球绊倒摔一个大跟头。

这个时候，焦恩的妻子走了进来，但焦恩就像没看见一样，厌烦的打开报纸，一边看一边还不时地抱怨报纸上的内容。然后，把报纸丢到地上，拿起一根雪茄。他一口咬掉雪茄的头部，点燃后吸了两口，便把它放到烟灰缸去。

焦恩自己也不知道自己怎么了。他急躁地站起来，走到电视机前，打开电视机。等到画面出现时，又很不耐烦地把它关掉。他大步走到客厅的衣架前，抓起他的帽子和外衣，走到屋外散步。他保持今晚的样子其实已经很长时间。

焦恩算得上是个事业有成的人，但他却并非一个懂得生活的人，因为他完全不懂得该如何让自己放松，他一直让自己活在焦躁与紧张的情绪之中。他有漂亮的房子，名牌汽车，但是他却缺少了最重要的幸福感，他用了自己生命中几乎全部能用的时间去创造事业的成功，也在拼命赚钱的同时迷失了自己的快乐。

假如生活中的我们能够把欲望降低一些，对欲望看淡一点，在拼命的同时，也多留出一些时间给自己去感受生活，抛开那些让我们烦恼的琐事，打开禁锢我们心灵的枷锁，用一颗平和的心悠然的生活，那么，就算全世界都认为你不成功，至少你对自己说，"我很好！"

不要忘记最初的目标

生活中，我们总能从身边的人嘴里听到这样的话——"昨天和领导因为工资的事儿闹僵了""我的老公怎么就不能像谁谁谁那样呢？""现在有车有房根本不算小康"……你觉得你的生活中总有这样那样的事情阻碍你追逐梦想，而事实上，真正阻碍你拥有幸福的往往是你自己。

很多人都错误地认为欲望其实就是梦想，这就好比，我们小的时候总是渴望长大，觉得上大学特好；而上了大学后又期待上班；但上了班后又开始想要是能回到小时候该有多好。不可否认，生命中的每一个愿望能够给我们带来莫大的惊喜与激动，在激动和兴奋之余，你又会为自己定下新的愿望、新的追求。可是，在你不断地追求中，你的欲望也在不断地膨胀，最后，你甚至会迷失在自己极度膨胀的欲望之中无法自拔，到那个时候，你连自我都迷失了，更何谈幸福呢？

红尘纷乱，难免让我们眼花缭乱；金钱至上，难免让渴望完美的你渐渐沦陷……

在这个时代背景下，有多少人还会用"吃得饱、穿得暖、睡得香"来诠释幸福呢？像这样简单的幸福，恐怕早就被都市中的你我忘了，事实上，真正的幸福不就是那种追求愿望的过程吗？无论结果如何只要去做过了就应该是幸福的，是满足的。

杨佳佳大学毕业了，大学期间，她为自己制订了一个远大的规划，随后，她开始按照自己的规划一步一步地执行。起初，这一点与杨佳佳相好三年的男友陈建也是赞成的。

随着时间的推移，陈建和几个哥们合开了一家小公司，杨佳佳也如愿以偿地找到了一份很好的工作，就这样两个人开始了为理想而战的日子，转眼间三年又过去了，陈建的公司已经开得有声有色，而杨佳佳自己也做到公司主管的位置。

于是，两个在外人看来已经小有所成的年轻人准备谈婚论嫁了，正当这时，杨佳佳的公司决定送杨佳佳去美国进修，为期两年，体谅她的陈建同意了，两年的两地相恋是漫长的，但两个人的关系依旧很好的维系着，陈建也会时不时地去美国看看女友。

杨佳佳回国了，她凭借着优秀的培训成绩被晋升为经理，这个时候，他们也终于结婚了，但结婚后，冲突越来越严重，杨佳佳经常为了工作而忽视陈建，就连陈建母亲的生日杨佳佳都没有参加。

陈建很生气，质问杨佳佳为什么要这么做，杨佳佳只是摇摇头说"为了事业"，陈建想不明白，当初杨佳佳的规划他看了，杨佳佳只是想在5年之内成为一家不错公司的主管，和自己快快乐乐的生活，现在早已经超出了预计不知多少倍，她还要什么呢？

而杨佳佳却有自己的想法，觉得目标要与时俱进，现在她要拼命地积累人脉，她要得更多，就这样，不比杨佳佳清闲的陈建总能抽出时间回家做饭，而杨佳佳却时常半夜回家。已经跨入30的陈建想要一个自己的孩子，他和杨佳佳商量，却遭到杨佳佳直接的拒绝，陈建觉得很委屈，问杨佳佳："为什么，难道你不爱我了？"杨佳佳却只是说："我还有很多目标没有完成，孩子会阻碍我实现自己的目标。""我们现在的一切都很好了，你为什么不能停下来，不能满足呢？""如果无法实现人生目标我怎么可能快乐呢？"

杨佳佳很委屈地说着，陈建无奈地看着妻子，摔门而去，两天后发来一封简讯——"杨佳佳，我们离婚吧，你的目标太遥远了，我已经不堪重负了，你无法停下脚步陪我一起生活，而我需要的是一个能够与我温暖生活的妻子，我也想要一个孩子，抱歉！"

杨佳佳看着这简讯哭了很久，她打电话给自己五年前就做妈妈的好朋友琳达，她告诉了琳达自己的苦闷，琳达一边安慰她一边说："我结婚前也有很多的目标，但放弃了，不是因为我安逸或者退却了，而是因为我发现停下来享受幸福比什么都重要，要孩子前，我也考虑过会不会影响自己的工作，但随即我问自己，我爱我的丈夫吗？爱这个家庭吗？我得到我想要的了吗？

"答案，显而易见，我很满意也很满足，那么，我还有什么觉得不幸的呢？知道吗？你应该把目光放近点，总是盯着远处看，你一辈子都无法休息，一直追逐，只会让你失去岩土所有的风景，一份满意的工作，一个爱你的老公，你为什么不能满足一下呢？"

听琳达的一番话，在琳达家里感受了她的幸福，杨佳佳终于明白了，幸福，是一种被节制后的知足，是一种从力所能及的付出中获得满足的理智。随后，她打电话给了陈建，告诉了他自己的想法，因为陈建本来就是爱她的，听到杨佳佳话后，两个人决定开始新的生活，一份懂得满足的生活。

知足是福，懂得知足的人是聪明的人，更是幸福的人，要知道，判断一个人是否幸福，绝不是看他拥有多少钱，有没有名车豪宅，而是看他对现有的一切是否满足。对于一个知足的人来说，即使他仅有一间可以避风多雨的小房子，即使每天粗茶淡饭，他一样是幸福的；相反，如果一个人不知足，纵使他被名车、洋房所包围，他依旧是不幸的、孤独的！

生活在这个崇尚物欲的时代，人的敏感和虚荣被无限大的放大了，当我们看到身边的人买了新房子、新汽车心里就会百般滋味，但事实上，这种比较是无穷无尽的，如果你总是与那些比自己房子大、车子好、收入多的人比较，那你就会越陷越深，越难体会到幸福，久而久之，就会肯定自己活得很不幸；反之，你若是与那些比你房子小、没有车子、比你穷的人比较，你心里就会舒服很多，所以，一个人想要获得幸福、生活得幸福，首先应当学会知足。

纷繁的社会中，你我的人生际遇相似，但为什么有时我觉得幸福，你却觉得不幸呢？事实上，这完全取决于你自身，举个例子说吧，当我们同时得到了两件一样的东西，你却有些遗憾，觉得要是能够得到两件就好了，而我却很感激地想到，我又得到了一件东西。显而易见，我自然就比你更能感受到幸福啦！所以，知足就是一种大幸福，一定要珍惜！

内心的富足胜过一切

喜欢赵本山小品中的一句话，那句话的大致意思是这样的，"房子再大，睡觉的床七尺大也足以；生前有再多的钱，死后也带不走一分一文，最后容纳我们的也就是一个小盒子……"这句话说出了人生的真谛，或者并不是得到越多就越幸福，因为即便你拥有全世界，你也未必能带的走。

这个世界上的人，每天都在寻找幸福之道，殊不知，幸福并不需要我们去寻找，幸福其实就在我们心里。

有些人物质上富足，但是内心贫瘠，这样的人不会幸福；有些人虽然过得平淡，但内心富足。这样的人必定幸福常伴，由此可见，真正的幸福源自富足的内心，但生活中能做到如此的人其实并不多。许多人原来有幸福的生活，但因为内心的不满足受到贪婪的驱赶，终日忙于拼命追逐眼前的利益，结果变得郁郁寡欢，错失了幸福。

如果人能清心寡欲一些，能够对自己的内心多些控制，对待人生多些满足，少些贪婪，生活上自然而然便能幸福了。

鱼竿和鱼的故事大家肯定都听过，两个饥饿难耐的人，祈求神明能够来帮他们，这个时候，神明真的出现了，并且拿出两样东西给他们选择，一个是一条鱼，另一个是一根鱼竿。一个人选了鱼，另一个人选择了鱼竿，拿到鱼竿的人对拿到鱼的人说："你可真傻，就一条鱼很快就吃饭，到时候你就又要挨饿了。"拿到鱼的人只说："我眼下就需要一条鱼"于是便开始生火烤鱼，没一会他就饱餐了一顿。

另一边，拿到鱼竿的人则去了一条小河边钓鱼，等了很久，他终于钓上了一条鱼，但是他觉得鱼太小，于是就继续钓，一连钓了四五条，他还是觉得不够，继续钓，直到终于掉到了一条大鱼，可就在把鱼钓上来的一瞬间，他也倒在了河岸边，他太饿了，已经没有力气吃鱼了，就这样，他被活活饿死了！

20多年前，罗布泊曾经一度被人们认为是死亡之地，因为那里环境恶劣，很多人都一去无法，一个人在去了罗布泊回来之后写了一本传记，来记录一路上他的感触。他写道：一日他走在荒芜的土地上，在不远处看到一处用土垒起来的小矮墙，他走进一看，墙边竟然倒着一具赤裸的尸体，吓了一跳。随行的人四处看了看，找到一个本子，应该这个人的日记，他打开日记后一页一页地看着，一开始记录着这个人在这里的经历，然而最后几页却是他对自己的生活回顾。从最初的文字到最后几页的过度，他清楚地看到了这个死去的人对自己的感恩之情，那个人回忆了自己来这里探险之前的生活，在他的笔下是那么的幸福。然而，那个人始终认为自己的人生不能是停下来的，要不断去探索，于是，他再一次离开家人走上了探索之路，却怎么能想到一去不能回。于是，记下了他对人生最后的感激，他最后这样写道："我是一丝不挂地来到这个世界的，那就让我一丝不挂的离开吧，只是，我最后悔的是没能享受到人生中的幸福，不是因为生活的问题，而是因为我的问题，这是我的遗憾！"

是啊，我们来到这个世界上的时候一无所有，离开的时候也注定一无所有。但看看你现在的生活吧，你已经拥有了多少东西，有人爱你，有工作可以做，有地方可以住……但是我们却未曾满足过，总是在祈祷上天给你更多的东西，总是说眼前的并非你所要的。

如果你期待获得什么，那么不妨看看你已经得到了什么吧，如果你能把自己的生活降低一些标准，那么，你便更能得到幸福的眷顾。

所以，真正的幸福是来自内心的富足，物质的富足或许能够带给你舒适的生活条件。但你要知道，外界的优越永远与你内心的幸福是相等的，真正的幸福的人知道什么是满足，因为他们了解，这个世界尚未有满足，才能将外界与内心结合，才能留住幸福的脚步。

唯有舍，才有得

爱情剧里有这样一句话："弱水三千，只取一瓢饮"，其实生活又何尝不是如此呢？面对生活要懂得适可而止，拥有了一些就势必要放弃一些，要知道，这个世界上永远没有鱼和熊掌兼得的美事！

现实中的我们不应该怀有太多的贪婪之心，再多的水，其实只要喝一瓢就能够解渴了，喝太多反而会撑得慌，又何必非要强求呢？人生种种诱惑，应当以一颗适可而止的心去面对，不能安于现状也不能故步自封，应是理性的去面对人生。

弱水三千，只取一瓢饮，是一种取舍的智慧，更是做人的准则。因为适可而止，我们将得到更多。

古时候，有一家寺庙，师傅让两个和尚去提着桶挑水，但是给他们的桶每一个中间都有一个豁口，第一个和尚，为了能够减少挑水的次数，每次都把水装得满满的往寺庙里跑，以为这样能够减少漏水的数量，殊不知在奔跑的时候浪费了更多的水；另一个和尚则每次都把水倒到豁口附近，然后保持平稳的速度回到寺庙，结果每次都要比第一个和尚挑得快。第一个和尚不明白为什么，便去问师傅："怎么我装得满，跑得也快，却不如他装得少，走回来得满呢？"

师傅笑了笑说："世事皆如此，只是你太过急功，却忘记了要做的'恰到好处''适可而止'！"

的确，只有我们懂得适可而止的道理，才能更接近幸福；反之，如果太过急功近利，那么便只剩下对生活的抱怨，以及劳烦之后的苦恼。

一个小乞丐来到了一个镇子，他非常可怜，镇子上的一个寺院收留了他，他便开始潜心跟着师傅修佛，但是没多久，小乞丐发现，自己的衣服已经破得不能再破了，就对师傅说，"给我一件衣服吧，"师傅告诉他寺院里没有，他得去镇子上去讨。

于是小乞丐到了镇子上，人们觉得他很可怜，给了他一块布，回到寺院里，小乞丐觉得光有一块布也不能穿，便对师傅说："用这块布给我做件衣服吧。"师傅依旧是那句话，于是，小乞丐就去了镇子，一家好心人给他做成了衣服。回到寺院后，小乞丐突然想要学习，便问师傅要毛笔、宣纸……，每一次师傅都是那句话，小乞丐就往返于寺庙与镇子，拿回来的东西越来越多，从最初一周去一趟镇子到现在几乎每天都要去镇子，他的房间里堆满了由镇子讨来的东西。

这天当他又要问师傅要东西的时候，师傅对他说，回到你的房间去看看，你已经有很多东西了。

师傅跟着小乞丐来到他的房间，桌子上和地上已经堆满了东西，师傅对小乞丐说："在你没来之前，这里的小和尚没有衣服会用草芥挡身、没有笔会用树枝代替、没有纸就写在地上……而你总是有那么多东西还想要得到，当别人一次次给予你之后，你所想要的东西便越来越多，长久下去，恐怕你会把山下的镇子搬上来！"

　　欲望是无止境的，小乞丐在得到了这样东西又会想要得到另一样，永远都不会满足，因为他总是会觉得自己没有，不懂得去看看自己已经拥有的。

　　在崇尚物欲的当下社会中，竞争那么激烈，诱惑无处不在，我们只有做到内心的满足，才能不被贪欲驱使，不会被利欲捆绑，不会被欲望舒服……只有平和淡然地去面对这一切，时刻能想到自己已经得到的东西，并且珍惜已经得到的东西，我们才能赢得人生的快乐与幸福。

　　一个人，无论他多么的有钱、富贵，最后还是要离开这个世界，人生在世，要学会适可而止，不要过分奢求，要懂得取舍，看淡得不到，珍惜已经有的，如此才能做到"知足常乐"！

第五章

心态不好，便走不出逆境

蝴蝶破茧，因为先被茧束缚，而后终成美丽的蝴蝶；贝壳生珠，因为先被沙石侵害，而后磨砺出光洁的珍珠。

人因遭逢逆境，而后越挫越勇，方成大事。逆境不是绝境，它如破蛹前的茧，未幻化明珠前是沙石，是一切美好事物的踏板！

人生在世，常有失意

又要说句老生常谈的话——"人生在世，不如意之事十有八九"，虽有时显得有点俗气，但反映在生活中的道理却是深刻的。

我们活在这个世上，遭遇不幸的概率都大同小异，所需要经历的事情也不是摆摆手指就能算清楚的。有些人，遭遇不幸后，能够积极地面对，哭过、难过后明天依然要继续，但有些人却没有办法从不幸中走出来。虽然我们知道，有时发生在他们身上的不幸的确无法一时接受，但明天还得继续，这个世界不会因为一个人的失意放慢脚步。想要让自己不成为弱者，不被不幸再次光临，每日抱怨、消沉的生活是决定行不通的。

一个人要学会坦然面对不幸，这不是因为发生在他们身上的不幸程度不够，也不是因为他们天生比别人坚强一点，而是因为他们知道，不幸只不过是人生的考验，只有拥有勇气，不畏惧，才能坚强地面对，才能让自己从不幸中悲伤中走出来，大胆地跨过这道坎儿，抬起头依然阳光明媚。

小的时候我们就听过这样的话："天将降大任于斯人也，必先苦其心志，劳其筋骨，饿其体肤，空乏其身……"的确，与其说不幸是种责难，不如说上天是在垂青你，因为，只有那些能够摔倒之后敢于站起来的人，才能够最终获得成功，才能傲慢地站在人前。当人们询问他们所经历的不幸时，你会发现，他们诉说时表情平静，不会流露出丝毫的悲伤，因为，那个时候，再多不幸对他们来说也只是一种成长的经历，一种成功的过程。

郑亮曾经是一家广告公司的策划师，但正当他准备在这一行业努力工作崭露头角的时候，他却意外地被开除了。他不知道原因是什么，开除他的人事部经历也没有给出明确的答复，只给了他一部分损失金便不再说话。

郑亮非常生气，甚至想冲进去找坐在办公室的经理理论一场，后来冷静下来他拖着有些疲惫的身体回家。他妈妈问他是不是发生了什么事情，他说："没事儿，现在我终于有时间好好的在家陪陪您了，而且还有一个好消息，就是我终于可以去实现自主创业的目标了"

接下来的日子里，郑亮调整自己的心态，对每件事儿都抱着锲而不舍的态度。因为，他知道，离开了公司，他现在唯一要做的事儿，就是开一间属于自己的创意工作室。

随后，他利用在公司这三年积累下的人际关系和过硬的设计功底，成功为自己赢得了不少客户，随后，他找了两个助手。就这样，三个人的工作室开张了，郑亮认真地对待每一份订单，发奋努力，不出一年，他的工作室在业界就小有名气了。随后的几年里，他的工作室变成了一家颇具规模的创意公司，而他也实现了自己最初的抱负。

生活中，如果我们也能像故事中的郑亮一般坦然面对自己的不幸，把不幸当成一个起点，而不是终点，失业时，你可以把它当作是新事业的开始；失恋时，你可以把它当作是寻求真爱的开始……你还可以想一下，每一趟火车的终点，其实又是另一个起点，更何况是人生呢？

尤其是对于生活在这个压力与竞争都无比多的我们而言，想要获得幸福，就必须让自己学会正视不幸，实际上，很多时候，发生在你身边的不幸，并非那么可怕，所谓不幸与挫折其实很可能就是你通向成功的垫脚石罢了。

很久以前的一天，一只可怜的小毛驴在玩耍的时候不慎掉进了一口深井了。它的主人急坏了，找来了邻居，想把小毛驴就出来，但毕竟人和毛驴之间没法沟通，所以，毛驴的主人用尽了各种方法也没能将毛驴弄出来。听着毛驴哀号的声音，主人很不忍心，于是决定和邻居一起把毛驴埋了，以减轻它的痛苦。于是，他们开始将土一点点的铲进井里。

说来也奇怪，刚才还不停哀号的小毛驴突然安静了，主人和邻居觉得很奇怪，就低下头去看，没想到，毛驴竟然将自己身上的土抖下去，在用蹄子踢到一边然后站在上面，就这样，土越埋越多，毛驴也离井口越来越近了，最后，它竟然安然无恙地从深井里走了出来。在人们惊愕的表情中快步跑开了！

没错，这头毛驴的确很聪明。但是在现实生活中，我们有时也不正和那只毛驴一样不慎掉进了生活的"枯井"之中，会被各种各样的压力所掩埋。但如果你渴望走出"枯井"，就必须像小毛驴一样努力抖下身上的沙土，并将它们踩在脚下，成为你的奠基石，这样你才能从"枯井"中走出，迎接属于你的成功！

实际上，很多事情是因为你把它当作不幸的事情，它才是不幸的。生活中，那些让你难过的、给你打击的、令你失落的事情，事实上都不可能将你打败，那么，是什么打败了你呢？是你自己，因为，你面对这一切事情的时候，你退却了、害怕了、胆怯了，甚至直接就放弃了，所以，与其说不幸让你深陷泥泞之中，不如说是你自己不想站起来。

面对不幸，你要懂得历练自己一颗坚强的心，要知道成功者之所以能够成功，正是因为他们在遭遇一次次不幸之后，依然保持着一颗坚强的心，他们懂得坦然地面对人生，从不会轻易放弃对幸福的追求。

人的一生，若真的事事顺心，就可能无法感受到所谓幸福，只有在经历不幸之后，才会明白幸福的真正的含义。久而久之，毕竟会历练出一个平和的心，对世事，宠辱不惊。这样看来，不幸似乎就是幸福的引言，因为不幸你才能体会到幸福，因为不幸，你才能突破自己，不做弱者。因此，不幸并没有什么好怕的，反之，它很有可能成为你人生中宝贵的财富，所以，为了更好地追求生命的幸福，坦然面对不幸吧！

急躁处世，不尽人意

古话说得好，"福兮祸之所伏，祸兮福之所倚！"福祸就好像一张盘的 A 面 B 面，放过了 A 面总要放 B 面，没有人一直好运相伴，也没有人一直祸不单行。对此，我们应该懂得保持一颗平常心去对待，同时，也只有我们平静地去面对人生中的成功与失意，才能在历经世事的酸甜苦辣之后，更能体会到生命之中的快乐。

人这一生，谁也不能避免要遭遇挫折与不幸，当我们正处于不幸与挫折之中的时候，首先要做的是保持冷静，理性的去看待发生在我们眼前的事情。对待失去的东西多一些坦然之心，并且尽量把事情好的方向想，千万不可急躁不安，甚至悲观面对，那样做只能使事情越变越糟，无异于火上浇油。真正理解幸福的人，往往也能够理解世事无常，明白祸兮福之所倚的道理。所以，凡事多往好处想，很多时候会有一种推开乌云见日出的豁然开朗。

事实上，很多时候，遇险不惊，从容应对，这道理谁都懂。但如果哪天自己真的遭遇劫难，很多人都无法冷静相对，越是急躁，就会越判断错误，结果便会越不尽人意。

古罗马流传着一个美丽的传说，一个国王的王妃生下了四胞胎，四个美丽的公主，她们非常漂亮优雅。当她们年满 16 岁以后，很多邻国的王子纷纷来提亲，但是她们四个人都没看上，只有一个王子，他是那么的英俊潇洒。但是王子不可能同时迎娶四位公主啊，而且王子心中也只想娶一个妻子，一个能和他相守一生的女人。

王子见过四位公主后，送给了四位公主每人一个美丽的发卡，四位公主都非常喜欢，当时便戴在了头上。然而，第二天醒来，大公主却发现自己的发卡不见了，她先是哭泣，而后她偷偷跑到二公主的房间里偷走了二公主的发卡；二公主一见发卡没了，也很难过，便去偷了三公主的发卡，三公主去偷了四公主的发卡，四公主起来后四处的寻找发卡，但却没能找到，心里也很难过，但随后她让侍女送来了一根丝带，用丝带绑上了头发。

这个时候，那位王子又来了，他来到国王的面前，对国王说："您有四位女儿，而我只想娶一位王妃，这令我很发愁，但是昨天晚上，我的猎鹰叼回了一个我送给公主的发卡，我想这便是我的缘分，我想迎娶那位丢了发卡的公主！"

四位公主就站在旁边，前三位公主心里都说自己丢了发卡，可头上明明带着，只能把话往肚子里咽，只有四公主，优雅地走到父王面前，解开了丝带，对王子说："我的发卡早上的时候丢了！"

王子看着四公主，她的头发在风中飘逸，顿时被她迷住了，就这样，四公主嫁给了英俊的王子……

四位公主，前三位公主在发现自己的发卡丢了之后都不能接受，而后拿了身边人的发卡。只有四公主坦然地接受了，而且积极地面对，不沮丧、不埋怨，结果却因祸得福与心爱的王子永远地在一起了。

现实中，当我们遇到无可挽回的事情，当我们没有能力去改变的时候，与其急躁不安抱怨不止，以至于自己乱了阵脚，越做越错，越忙越乱，不如平静地去面对，坦然的去对待。人要明白，我们不可能做到掌控这世上的一切，但是我们有能力改变对待事情的心态，当我们的心态改变了，对待事物的认识也会改变。那样一来，很多原本被我们认为是"惊天动地"的事儿，这会儿再看也变得微不足道了。

人生在世，都难免遇到一些所谓的祸事，但祸不是绝境，祸的到来常常是一场"塞翁失马焉知非福"的故事。因此，我们一定保持良好的心态去面对生活中挫折，积极地将祸转为福，这样一来，生活中的烦恼便少了许多，快乐自然也就回到你身边了。

危难关头能解救我们的只有自己，面对各种不可避免的困难与挫折，一定要学会坦然以对。要知道，人生时时在变，好与坏只在瞬间，不必太在意，更不必因此而惶恐不安，坦然一些，积极地去面对，每一个绝境背后都是一处"柳暗花明"！

轻易妥协只会更加绝望

无数次质问人生的意义，常常无解，但当看到生活中种种不如意与挫折的时候，不免开始感慨，的确，生活之中，处处挫折与不幸，不受我们的意志左右，也常常将我们压得喘不过来气。但每个人都该懂得，人生的确随时都有可能遇到挫折，但意义并非在于受难，而是在于历练。

一块根基很好的玉，若是不经过打磨也只能是一块石头，价值比不上那些雕刻精美的玉。生活也是如此，少了挫折的磨砺，人生便不会完整，总会缺少什么。相反，经历了磨砺，人生便会闪闪发光。

经历挫折与磨砺的滋味不好受，每个人都懂，但面对挫折要不放弃，能坚持多久却是个问题。很多人在面对困难的时候，一开始都是信心满满，但随着时间的推移，当发现困难并未消失时，便开始怀疑自己的能力。于是，在与困难决斗的战役中妥协了。

人生中不会日日都是晴天，难免遭遇个风霜雪雨，我们不能轻易放弃，任何时候都要心存希望，更不能轻易地就对挫折妥协。人在低谷的时候，只要一直走，并且坚持下去，就一定能走到高处。一定要相信，坚持积极的态度，一定能走出一条畅通的大道。

一个年轻人想要得到幸福，每天在佛前乞求，终于有一天他的诚心感动了佛祖。佛祖告诉他，想要获得幸福可以，但是必须要完成一项任务。年轻人答应了，佛祖说，有三个任务任你选择，年轻人问佛祖是什么任务，佛祖说暂时不能说，你只能先挑选数字，于是，年轻人选了一。

刚选择完，年轻人身后的场景一变，他出现在了一个无人岛上，佛祖告诉年轻人，一数字后面的任务是走出这个无人岛去海的对面，那就是幸福的终点。

于是，年轻人绕着岛上转了一圈，没有船，想要出海，他必须建造一个小船。但是小船需要木头，可是他根本没有斧头，他遇到许多问题，但是对幸福的向往，让他一一克服的困难。两年以后，他造好了一只小船，第一次出海，没过多久他就又回来了，因为风向不对，于是，他第二次、第三次……出海。

　　终于有一次，风向也对，他在大海中划了一个多月，但是当天抬头看的时候前面依旧是一望无际的，年轻人有些绝望了。又过了几天，他熬不住了，他开始往回划行，过了一个多月他回到了当初的小岛上，就这样，他终其一生在大海与小岛之间来回地划行。

　　死后，年轻人的灵魂来到佛祖的面前，他对佛祖说，第一个任务太难了，如果要选第二个他肯定能找到幸福。于是，佛祖决定给年轻人再一次机会，话刚说完，年轻人来到了一个山谷间，佛祖告诉年轻人只要爬出这个深谷就能找到幸福。

　　于是，年轻人开始不停地爬，但是爬了几年他还是没看到山谷的顶端，他开始绝望，抱怨，祈祷佛祖让他去完成第三个任务吧。佛祖出现了，他没有再让年轻人去完成第三个任务，只对年轻人说："无论是什么任务，你都不会完成的！"

　　年轻人赶忙解释道，"不，我能的，只是第一次的海根本没有边际，这次的山谷也没有顶端，所以我才得不到幸福的！"

　　佛祖笑了笑，手一挥，年轻人眼前出现一个云朵，云朵上面年轻人看到自己在海上划，身后是那个小岛，他前面的不远处是幸福的彼岸，那段距离远比他从小岛划过来的距离要小得多。但他却没有继续前进，而是回到了小岛，之后的几次出海都是这样，在马上到达对岸的时候他又回去了；接下来是山谷，和出海一样，其实他与幸福的顶端之差一点点，但是他放弃了。

　　年轻人看着云朵里的景象，不禁懊悔，"我真的不知道！"

　　"是你放弃了，在你经历那么多困难之后，你还是先妥协了，这就是得不到幸福的原因！"

很多时候，我们也和那个年轻人一样，在历经了很多磨难之后，却输给了毅力，在距离成功还有一步之遥的时候妥协了。那么，无论你之前做了多少努力，都没用了。

在追求幸福的路上，我们或许会遭遇困难，或许会失望，但是一定不能绝望，一定不能对困难妥协。每当我们要绝望的时候，一定要往好处多想想，已经付出了那么多，只差一点点，千万不能前功尽弃，只要我们对自己抱有信心，就一定能够克服困难，无论是什么样的困难。

人的一生中，遭遇挫折与逆境是不可避免的，起起落落更是难以预料。但是有一点一定要牢牢记住，无论何时，永不妥协。困难和逆境是人生中宝贵的财富，它们可以磨炼人的意志、毅力，使人们变得坚强、勇敢，更可以让我们成长，并且收获人生对你的馈赠！

与其哀叹，不如反击

面对失败和挫折，我们最常犯的错误就是在没有分出胜负之前，先认输！因为人们都惧怕失败，对成功的渴望促使我们与挫折开战，但我们没能坚持下来，中途退场了，殊不知，与此相比，失败又何尝不是一种获得？在失败中我们可以获得成功所需的经验，但在逃避中，我们却什么都得不到，只能成为被挫折击垮的人。

爱迪生是个伟大的发明家，然而我们在享受他那些发明的时候，有没有想过，他经历了多少次失败？但是每一次失败他又重新开始了，从未中途妥协放弃，因为如果那样的话，便不会有我们今日的电灯以及其他的一切了。

对待人生中那些不可避免的失败与挫折，我们应该摆正自己的心态，不要把失败归咎于自己的能力不足，就此被困难打倒，要对自己说，"看吧，我必须要放弃了，因为我不是那块料。"

失败并不可怕，换言之，不失败便不能成功，如果因为害怕失败或者遭遇失败后就马上妥协，被困难打倒，这才是最可怕的。成功常常站在失败的后面，当然，从失败走向成功，这个过程你会遇到很多挫折，但如果你坚定决心，不被打倒，相反越挫越勇，谁能说你不能成功呢？

李凡如他的名字一样平凡的生活在这个社会中，大学毕业后，他找了几份工作，但收入都颇低，而且与他的专业丝毫不对口。他感到很厌倦，甚至对生活提不起什么态度，一天下班，他看到很多公司的人晚上加班都会在街道下面买些盒饭，但是那些盒饭他吃过很难吃，不过人们还会去买，因为这个地方的饭店很贵，随便吃个饭，大家都是希望少花点钱将就一下。

于是，李凡迸发了一个想法，他辞掉工作，卖起了盒饭，一个堂堂的研究生去卖盒饭，这多少让人觉得有点不可思议，不过李凡却并未这么想，做什么都无所谓，关键看你怎么做。

李凡在写字楼附近租了一个13平方米被隔开的门脸，李凡在里面买了抽油烟机、炉灶等炒菜的工具，在门前的玻璃窗上隔开一个小地方用来展示菜品。

就这样，李凡开始了自己的创业，每天他很早的起床收拾忙乎，因为自己从小就擅长做菜，做得也挺好吃，而且量很足，所以受到了附近上班族的喜欢。渐渐的，李凡的生意越做越大，13平方米的小门面变成了50多平方米，又不断地扩大，不出两年，他便在多个写字楼圈开了这样的快餐速定。没想到他不经意间却在这片天地里大有作为，焕发了人生的第二个春天。

人生中有很多扇门可以通向成功，当我们在第一扇门中受阻的时候，就要去寻找别的门，当一扇门前人满为患的时候，再试着寻找另一扇，也不失为明智之举，但无论你做何种选择，切忌不要因为一扇门的不顺就放弃去寻找下一扇门的机会。

牛仔裤是当下永不败的流行元素，然而，它的出现却并非一个偶然。100多年前，美国西部的牛仔们掀起了一股淘金热，很多人都跑到西部去掘金，但是掘金是一件很苦的事儿，很多人都没挣上钱。

一天施特劳斯和一个人正在金矿工作的时候，他的一个工友坐在旁边对他抱怨说："这么多人来掘金，但是真正能发财的人有几个呢？你看看我们现在样子，看看这裤子，都破成这样了，也没有时间补，每天就是没完没了的挖矿，也不知道这鬼地方是怎么了，裤子这么容易破呢？"

施特劳斯听着工友的话，突然一个念头晃过大脑，对啊，这里裤子很容易破，那么，如果找到一种耐磨的布做裤子一定会大受欢迎的。于是时间不长，第一条牛仔裤的前身——工装裤就这样诞生了，并从加州迅速推向全国乃至全世界。莱维也因此由当初的贫困淘金者一跃而成为"牛仔裤大王"。

人生在世的这几十年，难免遇到些人尽人意的事情，与其哀叹不如反击，哪怕失败也是一种获得。每个人都该知道，你身体内的潜能是无限的，而激发你的潜能的恰恰是生活之中的挫折，一旦你下定决心，你所能爆发出来的能量是惊人的。因此，不要害怕失败，不要因为一两次的失败就垂头丧气失去信心，这个世界上比失败更可怕的是对挫折妥协。

任何时候，你都可以坦然的迎接失败，但是决不能被打倒，因为失败之后你还有继续为之努力的机会，会离成功更进一步，但被打倒之后，你无异于就此放弃了只有一步之遥的成功！

吃一堑，长一智

吃一堑，长一智。一败再败而能从中不断吸取教训，总结经验的人，又怎能不智慧过人呢？许多成功的人士都曾经受过成百次上千次的失败，他们利用失败教育自己，结果成为举世闻名的聪明人！

在中国有许多古语都包含了这个道理，如老马识途，正因为老马走过无数的路，经过无数的坎坷，它才能在每次坎坷之上留下心底的记号，下一次再在此经过，它便可以一跃而过！

古代有一个故事，在一片深山老林里，有一座"神仙居"位于山顶。一天，有一个年轻人从很远的地方来求见"神仙居"居住，想拜他为师，修得正果。年轻人进了深山老林，走啊走，走了很久。他犯难了，路的前方有三条岔路通向不同的地方。年轻人不知道哪一条山路通向山顶。

忽然，年轻人看见路旁边一个老人在睡觉，于是他走上前去，叫醒老人家，询问通向山顶的路。老人睡眼蒙眬嘟哝了一句"左边"，又睡过去了。年轻人便从左边那条小路往山顶走去。走了很久，路的前方突然消失在一片树林中，年轻人只好原路返回。

回到三岔路口，那老人家还在睡觉。年轻人又上前问路。老人家舒舒服服地伸了个懒腰，说："左边。"就又不理他了。年轻人正要详问，见老人家扭过头去不理他了。转念一想，也许老人家是从下山角度来讲的"左边"。于是，他拣了右边那条路往山上走去。走啊走，走了很久，眼前的路又渐渐消失了，只有一片树林。

年轻人只好原路折回，回到三岔路口，见老人家还睡，不由气涌上来。他上前推了推老人家，把他叫醒，问道："老人家你一把年纪了何苦来欺我，左边的路我走了，右边的路我也走了，都不能通向山顶，到底哪条路可以去山顶？"老人家笑眯眯地回答："左边的路不通，右边的路不通，那你说哪条路通呢？这么简单的问题还用问吗？"

年轻人这时才明白过来，应该走中间那条路。但他总想不明白老人家为什么总说"左边"，带着一肚子的疑惑，年轻人来到了"神仙居"。他虔诚地跪下磕头，居住笑眯眯地看着他，那神态仿佛山下三岔路口那老人家，年轻人使劲揉了揉眼睛……

你肯定猜到了那老人家就是居住变的，但这故事里包含着几个人生道理，一是年轻人走完左边的路和右边的路之后，都失败了，无疑应是中间那条路通向山顶，他连这都不明白，要去问老人家，经老人家一点才明白过来，说明人经过失败后，受情绪影响（比如愤怒），连很简单的问题，只要一转变思绪就很容易想出的问题却被自己弄糊涂了。二是只有走过左边和右边的路之后，才知道这两条路都不通山顶，说明凡事要自己亲身去经历才知道可行不可行；三是，年轻人在走过右边和左边的路之后，知道走不通他就不会再第二次走那两条路了，说明人不会轻易犯同样的错误，他已经向正确的方向迈进了一步。

你想到了几点呢？不管你想到几点，至少你明白了错了之后你不会再犯同样的错，这就是失败的好处！

别因为失败伤心，也不要为错误负疚。人非圣贤，孰能无过？只要不是存心做错，偶尔犯错事，是可以原谅，也不必受良心谴责的。无心之过，不但不会受到惩罚，还可以从过错中获得教训，从犯错的经验中，变得聪明起来！

明代绍兴名人徐渭有一副对联："读不如行，试废读，将何以行；蹶方长智，然屡蹶，讵云能智。"这副对联，科学地阐述了理论与实践、失误与经验的辩证关系。上联是说实践出真知，理论指导行动。下联"蹶方长智"，蹶是指摔倒，不能摔倒后一蹶不振，而应"吃一堑，长一智"。有人认为"吃一堑"与"长一智"之间存在必然性，那就错了。不是说吃一堑就一定能长一智，而是吃一堑有可能长一智。这种可能性要转变为必然性，必须要有一个条件，那就是要从失误中总结教训，积累经验，这样才能长智。如果错后不思量，那么，同样的错误还会不断重复出现。这就是"然屡蹶，讵云能智"的精辟之处。

一个人遭受一次挫折或失败，就该接受一次教训，增长一分才智，这是成语"吃一堑，长一智"的道理之所在。

从前，有个农夫牵了一只山羊，骑着一头驴进城去赶集。

有三个骗子知道了，想去骗他。

第一个骗子趁农夫骑在驴背上打瞌睡之际，把山羊脖子上的铃铛解下来系在驴尾巴上，把山羊牵走了。不久，农夫偶一回头，发现山羊不见了，急忙寻找。这时第二个骗子走过来，热心地问他找什么。

农夫说山羊被人偷走了，问他看见没有。骗子随便一指，说看见一个人牵着一只山羊从林子中刚走过去，准是那个人，快去追吧！

农夫急着去追山羊，把驴子交给这位"好心人"看管。等他两手空空地回来时，驴子与"好心人"自然都没了踪影。

农夫伤心极了，一边走一边哭。当他来到一个水池边时，却发现一个人也坐在水池边，哭得比他还伤心。农夫挺奇怪：还有比我更倒霉的人吗？就问那个人哭什么，那人告诉农夫，他带着两袋金币去城里买东西，在水边歇歇脚、洗把脸，却不小心把袋子掉水里了。农夫说，那你赶快下去捞呀！那人说自己不会游泳，如果农夫给他捞上来，愿意送给他20个金币。

农夫一听喜出望外，心想：这下子可好了，羊和驴子虽然丢了，可将到手20个金币，损失全补回来还有富余啊！他连忙脱光衣服跳下水捞起来。当他空着手从水里爬上来时，干粮也不见了，仅剩下的一点钱还在衣服口袋里装着呢！

这个故事告诉我们，农夫没出事时麻痹大意，出现意外后惊慌失措而造成损失，造成损失后又急于弥补因此又酿成大错，三个骗子正是抓住农夫的性格弱点，轻而易举地全部得手。

应该说，人们在工作、生活中遭受类似的挫折和失败是难以完全避免的，虽然"吃堑"终归不是什么好事情，但如果吃了堑，也不长智，就是愚蠢至极了。

感谢人生中的冷遇

无数的事实证明，一个人只有历经磨难才能够获得成就，才能够拥有真正充实的人生，才会成为一个成功的人。事实上也的确如此，一个能够吃常人不能吃的苦的人，也势必能够做很多常人做不到的事情，而他自然能够获得更多的幸福与成功。

人的一生中，时常会遭遇冷遇，这是正常的，关键在于我们如何去对待它，如何从中发现幸福的痕迹。当你被绊倒的时候，你首先要做的不是哭泣，而是从摔倒的地方爬起来，拍拍身上的土，然后继续向前赶来，并在接下来的路上时刻注意脚下，以防被同样的"东西"绊倒两次。

冷遇是人生给予我们历练，因为有了冷遇的历练，我们的人生才会变得更加"坚实"，我们的内心也因此变得更加勇敢、坚毅，正应了那句歌词，"不经历风雨，怎么能见彩虹，没有人能随随便便成功……"只有经历过人生的冷遇，我们方能体会成功的喜悦。

李亚大学毕业后，一直没有找到很好的工作，东打一分工西打一份工，一晃就是两三年过去了，这期间，他积攒了一些钱，随后和朋友一起合开了一家工作室，但是生意却不怎么景气，那段时间的李亚陷入了绝境，朋友因为承受不住压力而走掉了，只剩下李亚一个强撑着，几年来打拼的钱眼看着就要一分不剩的全部赔进去，还要背负一大笔负债，李亚感到极尽崩溃。

直到这个时候，他无意间看到一则关于可口可乐总裁古兹维塔的故事。当古兹维塔只身来到美国时，他的身上只有 40 美元和一点可口可乐的股票。但是一晃几十年过去了，古兹维塔领带的可口可乐公司的股票在几十年间增值 30 倍，每当人们问起他是如何做到的时候，他总会这么回答："每当我走入绝境，我都会对自己说，还有机会，每当我遭遇人生的冷遇，我更多的是接受、感激努力地走出冷遇，只要抱着必胜的决心，便始终都是成功者！"

李亚看着古兹维塔的话，心里不觉为之一振，"不绝望，抱有希望！"他在心里默默地念着，可能就是这样的话在那段日子里支撑着李亚继续向前走，他积极地寻找各种方法摆脱危机。渐渐地，公司开始走入正常的轨道，四五年后，当李亚的朋友后悔当初未能坚持的时候，李亚已经成为一位小有所成的大老板。

挫折、冷遇，这是谁都会遭遇的事情，与其说是一种灾难，不如说是生活给予我们的一种挑战。那我们能做的不该是抱怨而是应战，只有敢于应战，才能赢得最终的胜利，化冷遇为动力。

我们应该感谢人生中的冷遇，因为冷遇的出现激起了我们潜在的奋起精神。因为冷遇，我们的人生才能摆脱平凡。逆境与顺利，成功与失败，这些本都是可以相互转化的，上一秒是逆境下一秒很可能就会成为你制造成功的机会。正如常言所说："失败是成功之母"，少了人生中的冷遇，我们恐难历练成功。

每个挫折，都是一粒珍珠

珍珠，这个世界上很美丽的东西，然而它诞生的过程却并不美丽，它是在贝壳体内的沙子。这些沙子让贝壳感到难受，甚至导致贝壳生病，为了治愈自己的疾病，清除体内的沙子，贝壳就要给自己治疗。而这个过程并不容易，贝壳要付出非常多，因为沙子的作用激发了贝壳身上很多潜能，它拼命地给自己疗伤。而后，当伤痛消失之后原来的沙子便形成了一颗珍珠留在了贝壳的体内。

这也是为什么，并非所有的贝壳体内都有珍珠，有的贝壳体内的珍珠明亮，有的却很小，小的是因为有的贝壳没有遭遇伤痛；有的贝壳遭遇的伤痛很小；而贝壳拼命一生去克服伤痛，珍珠便是上天对它的馈赠。

同样生活中，伤痛与挫折也可以在顷刻间转换，成为我们生命中的明珠，任何挫折都会打击我们的积极性，令我们感到伤心难过。但换个角度，因为这些挫折，我们得以变得坚强，得以收获勇敢，甚至获得新生的力量，这难道不是上天的馈赠吗？

凯莉从小就患有口吃，是的，从她能说话的时候起，她就口吃，这让她的童年充满了讥讽。在凯莉上初中的时候，她看到电视上的脱口秀主持人，她对自己的妈妈说："妈妈……我……能成……为那样的……

人吗？"

她的妈妈无奈地看着她说："放弃吧孩子，我想那份工作不适合你。"

她的妈妈没有支持她，但是她依旧心中怀着那样的梦想，她从别人那里听说，嘴里面咬着塞子可以练习说话，便每天不停地练习，虽然她的口吃得到了些许好转，但依旧会断断续续。高中毕业后，凯莉的家人希望凯莉去做操作员，因为那样她不必说话，可以避免说话，但是凯莉却执意想去上广播大学。她这样的举动遭到了家人的反对，但她没有放弃，而是一个人独自踏上了求学之路。

可是一切并非那么顺利，她第一次的面试就被大学淘汰了，但她仍没有放弃。一年中学校会有四次的面试考试，她一参加就是两年，两年间她拼命地工作，夜里回访电视上的脱口秀节目，抄下主持人的台词，一遍一遍地说。有的时候，一句对白她要说上几十遍甚至几百遍才能流利，但是她就是这样坚持着。

终于，在她第8次参加面试考试的时候，她通过了。就这样她成了广播大学中的一名学生，但她所要面对远不止这些，还要忍受学校内一些学生不可避免对她的嘲讽，为了参加学校的广播会演，凯莉把一篇演讲稿读了几千篇。当她站在舞台上非常流利的演讲时，你能想象到，坐在台前嘲讽她的同学是多么的惊讶吗？而你又能想象，当她终于出现在电视机成为一名主持人时，她的家人有多么的惊讶吗？

后来，有人问及凯莉的过往，"难道遭遇那么多的困难，没有想过放弃吗？"凯莉是这样回到的，"在没有经历过困难前，或者没有经历过那么挫折时，我时常想要放弃，但当我经历的挫折越来越多，我便越来越坚定自己的信念。可以这样说，如果没有了那些挫折，我恐怕不能拥有今天的成绩，因为挫折，我不断地鼓励自己，每突破一次挫折都是一次新的开始……"

每个患难都是一粒珍珠！

生活中我们可能遭遇的任何不幸、挫折与失败，都可以转换成为前进的动力。因为磨炼，每一次突破都会是一个新的开始，就如凯莉所说的那样。因为挫折，你会越挫越勇，因为患难，你会更见坚定脚步……

不要抱怨你的生活"多灾多难"，换个角度想吧，患难的人更具备成功的因素，患难不是世界末日，相反，每一个患难都是一颗最宝贵的珍珠！

善待失败，选择坚强

每个人都该坚强地活着，不要让自己成为随风摇曳的小草，而是让自己成为严寒独放的松柏。生活之中不如意之事数不胜数，想要做一个幸福的人，就必须要自己学会克服那些不幸，坚强勇敢地面对那些不幸，并积累经验，为了幸福昂首阔步。

生活中总有这样一群人，他们渴望成功，却不愿意承受失败，甚至是害怕失败。其实这样的想法每个人都有，然而只有那些已经有所成就的人才知道，想要成功，是离不开失败的，而害怕失败，或者说输不起的人是不可能成功的。

每个人的人生都不可能一帆风顺，总有些事情会让他烦恼，即便是他们有能力实现做好，也依旧难免遭遇失败。而当失败后，我们要做的绝不是抱怨、一蹶不振，而是应当反思自己失败的原因，寻找再次成功的机会，继续向前走。

是的，挫折谁能会遇到，失败也是家常便饭，但生活还是要继续，梦想还是需要去实现，我们能做的不是消极甚至自暴自弃，而是给自己加满油朝着梦想和目标继续前进。勇敢地走出失败。

诚然，失败总会带给人失落的感觉，走出失败需要决心和勇气，选择正确的路朝着目标继续前进，更需要智慧。面对失败和挫折，成功的人往往能很坦然，对待失败从不避讳，也不悲观，因为在他们眼里，失败和挫折并不可怕，相反它也许是一个新生机的开始

一个人经历了失败，并不是可耻的事情，相反，是一个很好学习不断充实自己的机会。在这种机会中你能学会如何冷静的思考问题，毅力也会变得更强，经验会随之增加，处理事情的时候也会少些青涩多些成熟。

意大利知名服装设计师克利斯在成名开设以其名字命名的手工艺设计专卖店之初，他设计了超过 500 件成品衣。每一次，他把这些设计图和成品衣服拿给那些大公司的设计总监看的时候都被打了回来，但是每一次，克利斯都没有放弃，而是耐心的询问那些设计总监拒绝的理由，一次次的改进。

当 501 件作品出来之后，获得了很多人的好评，得到肯定后，克利斯设计出了一系列作品，受到很多意大利人的喜爱，而后，他开了一间

以自己名字命名的服装设计手工坊，售卖自己设计的作品。目前，他的一件成品衣服大概售价在 500 美金以上，他每年还都会参加巴黎及美国时装周，每一次他的作品都备受期待。

成功是属于那些勇于战胜失败的人的，想要成功就要做好直面失败，并坚强克服失败的决心，因为，没有人能够随随便便成功。

现实生活中，失败是普通的一件事儿，就好比去学滑雪一样，一开始你可能抱着很快便驰骋雪地的愿望。但开始练习的时候，你不难发现，少了那无数次的跌倒再站起来再跌倒的过程，你一辈子也不能实现驰骋雪地的愿望。而这期间，一旦你害怕了摔倒，不再站起来，你就彻底地失败了。相反，你若一直坚持下去，下一个乐驰雪地的人肯定是你。

没错，没有人愿意面对失败，但失败却是无法避免的。聪明的人懂得善待失败，把失败当作是人生中的一种体验，勇敢地跨过失败。

不要害怕失败，不要怀疑自己做不到，坚强和勇敢不是属于特定的某些人，而是后天磨炼出来的。而磨炼这种坚强和勇敢也正是那些来自生活中的失败者，这是一个良性循环的过程。因为失败，你会变得坚强勇敢，因为坚强勇敢，你能够更坦然地面对人生中的失败，想着成功之路更坚定地走下去。

每个人都该坚强地活着，不要让自己成为随风摇曳的小草，而是让自己成为严寒独放的松柏。生活之中不如意之事数不胜数，想要做一个幸福的人，就必须要自己学会克服那些不幸，坚强勇敢地面对那些不幸，并积累经验，为了幸福昂首阔步。

做一个勇敢、坚强的人吧。无论你觉得当下人生多么不幸或者多么荆棘，都不要放弃，不要害怕。不要因为惧怕无法得到想要的结果而放弃整个实践的过程，成功不是目的，一路过来的努力，一路走来的成长，往往比成功这个结果更加重要。更不要担心失败，不要因为数次之后的失败而放弃你的目标，要学会善待失败，选择坚强地面对人生，只有你坚定不移了，你的人生才能勇往直前。

挫折是人生的炼金石

人的一生中，经历挫折是必不可免的过程，通常情况下，挫折对于我们来说是一件万分痛苦的事情，因为挫折，很多人时常抱怨人生的不顺利。然而，挫折是无法改变的，与其消极对待，不如换个想法，把挫折当作是一种磨炼，因为磨炼，你能发现自身的不足，意识到该朝哪个方向寻找成功，因为磨炼，你会变成一个勇敢、坚强的人。

的确，挫折打不垮任何人，相反挫折却可以让一个人得到进步和成长。前段时间在东方卫视热播的一档节目——《中国达人秀》中来了这样一个男孩，他没有双臂，当他站在舞台上的时候，在做的嘉宾都觉得很纳闷，这样一个男孩准备表演什么节目呢？男孩笑着对台下的嘉宾评委说，他准备为大家弹奏一首钢琴曲，用他的双脚。

音乐响起了，男孩坐在高椅上用双脚有些吃力地弹着，但那琴声很美。一曲结束之后，有人问男孩，是怎么想起要学弹钢琴的，因为弹钢琴对于很多健全的人来说都不是一件简单的事儿。男孩只是笑着说："我很喜欢钢琴，虽然我没有手，但是我还能用脚弹。"当嘉宾问起男孩在学钢琴时是否遇到了很多困难时，男孩只是淡然地说："任何人都会遇到困难，他们用手，我用脚，没什么太大的区别，只是，有些时候弹得久了脚会抽筋，但休息一会儿，再练就可以了。"

听着男孩的话，在场的很多人都被感动得泣不成声。不是因为同情，而是因为感动，被这个男孩面对挫折时的坚强所感动，被他直面挫折不屈服的精神所感动。当然，也为他高兴，因为他战胜了挫折，成就了自己的辉煌，即便，那辉煌在很多人眼里看来是微不足道的，但在这个男孩的心里却是伟大的。

不要以为失去双臂的人就不能弹奏出优美的旋律。身处泥泞中的人往往能够发挥出超人的潜能，因此，当你遭遇挫折，身处逆境的时候，不必感到恐慌或者消极面对，相反，你应当积极地去迎接生活带给你的挑战，不要因为暂时的不幸而一蹶不振。要知道，真正的强者，善于从逆境中找到光亮，确定了目标就决不放弃。俗话说得好，人生不如意之事十有八九，不要把那些挫折看作是阻挡你前进的拦路虎。相反，挫折有时是一种人生的机遇，更是人生的炼金石。

其实，人的一生就是一个面对挫折、克服挫折的过程。我们从这些挫折之中得到历练，收获经验，锻炼我们的能力，因为生活中的挫折，我们得以不断的成长。

的确，生活中最可怕的事情绝不该是挫折，而是不敢直面挫折，一遇到挫折就未战而败的心理。

挫折面前，我们要做的不是恐惧，而是乐观地面对。因为无数的实例证明，挫折不会真的打垮一个强者，它会让强者愈发强大，前提是，你选择何种心态面对它。

《阿甘正传》这部电影，带给了人们无数的感动及激励，一个看上去有些傻的阿甘，却有着一份执着于人生／勇敢面对挫折的决心。即便是在人们认为毫无前途的、少年时走路必须依靠矫正器，医生说活不过18岁的阿甘，最终创造出辉煌精彩的人生。

我们不该因为遇到了挫折就抱怨人生，甚至自暴自弃，放弃对抗挫折的权利。相反，我们要利用好生活中每一个挫折，把它当成一次难得历练的机会，不断地充实自己的人生，磨炼自己的意志。如果说我们都是埋在沙土里未被发现的金子，那么，挫折就是能够让我们发光的炼金石。

第六章

烦恼，没有什么想不开的

成长是每个人必须经历的，而烦恼是成长的必修课之一，没有不曾经历过烦恼的人生。但是有人说，烦恼是这世界上最无用的东西，人们被困在烦恼的绝境中看不透、想不开、放不下。有人因为生活琐事烦恼，有人因为壮志未酬烦恼，有人因为爱情失意烦恼。有人烦恼过去，有人烦恼当下，有人为未来忧心。

生活中，令人烦恼的事情不计其数，试问，我们如何烦恼得过来呢？理智的人知道，不为所有的事情烦恼，跳出烦恼的心境，看淡人生的各种境遇，从容应对各种事情，最终获得快乐，走向成功！

烦恼是一种病态心理

烦恼是一种病态心理，培根曾说："在人类的情欲中，烦恼之情恐怕是最顽强，最持久的了。"烦恼的人是可悲的，不能容忍别人的快乐与优秀，有的挖空心思采用流言蜚语进行中伤，有的采取连自己都不齿的卑劣手段。烦恼的人又是可怜的，他们的心理自卑、阴暗，享受不到阳光的美好，体会不到人生的乐趣，生活在他们的黑暗世界里。诗人艾青比喻它为"心灵上的肿瘤"。

　　小芸与小丽是某高等院校大三的学生，同学影视表演专业。小丽活泼开朗，小芸性格内向，虽然他们来自不同地区，有着不同的家庭背景，可是，入学不久，两个人成了形影不离的好朋友。

　　但是，在小芸看来，她们感情上的接近并不能消除现实的距离。小丽像一位美丽的公主，处处都比自己强，把风头占尽。对此，小芸心里很不是滋味，逐渐觉得自己像一只丑小鸭。特别是在快毕业时，小丽参加了省电视台的舞蹈比赛，并得了一等奖，不但在全校无限风光，就是在社会上也有了知名度，很多企业聘请她去做广告。

　　小芸得知这一消息很烦恼，想到自己毕业工作无望，她抑制不住自己的愤怒，趁小芸不在宿舍之机，将她的参赛服装剪了个洞，还谎称是老鼠咬的。

　　小丽发现后，万分痛苦，想不通为什么自己要遭受这样的对待？

　　小芸的这一表现就源于强烈的烦恼情绪。

　　莎士比亚曾经说过："像空气一样轻的小事，对于一个烦恼的人，也会变成天书一样坚强的确证；也许这就可以引起一起是非。"在别人看来无足轻重的事情却会引起他们的烦恼，就是因为这些人有一颗狭隘的充满仇恨的心。

　　斯宾诺莎说过：烦恼是一种恨，这种恨使自己对他人的才能和成就感到痛苦，对他人的不幸和灾难感到痛快。一旦我们被烦恼的毒蛇缠上，那么生活中就会有太多的事引起我们的不平和愤恨。别人衣着比自己的光鲜，我们会愤愤不平；别人比自己多和上司说了一句话，我们会郁闷一整天；别人的男朋友比自己的帅，我们也会烦恼。

好烦恼者由于总是出于对自己的不满，对他人的愤恨以及事与愿违的情绪煎熬之中，其心理上的压力和矛盾冲突会导致对身体的劣性刺激，使神经系统功能受到严重影响。一个人一旦受到烦恼心理的侵袭，往往会痛苦不堪，停滞不前，甚至丧失理智，以损害别人来求得对自己心理的满足，以致做出蠢事来。

这是由烦恼的特点决定的。烦恼具有这样的特点：一是针对性。正如培根所说：人可以允许一个陌生人的发迹，却绝不能原谅一个身边的人上升。即烦恼者总是烦恼与他有联系的人。当看到与自己有某种联系的人取得了比自己优越的地位或成绩，便产生一种不服、不悦、失落、仇视的忌恨心理。

二是对等性。烦恼者总是与别人攀比，看到别人的优势就眼红，就羡慕，由羡慕又转化为渴望，由渴望转为失望、焦虑、不安、不满、怨恨、憎恨。

三是潜隐性，烦恼心理大多潜伏较深，行为较隐秘。因为烦恼者本身也知道烦恼是一种不好的心理，因而一般都只能把它掩藏在内心。所以，当遇到一些永远都愤愤不平、永远都见不得别人成功、跟别人谈话时永远都是用酸溜溜的口气、对别人做的事永远都抱持怀疑或批评态度的人时，不要怀疑，这些人可能都戴着假面具隐藏自己的烦恼。

因为是埋藏在内心不敢轻易或者公开向对手表露，所以心灵才备受折磨。一次次的痛苦循环，使得心理负荷越来越重，终日被自己的烦恼所折磨、撕裂、噬（shi）咬，使得烦恼者内心苦闷异常。也就是说，有烦恼心理的人往往内心有一种极端的说不出的痛苦，这是内心失去平衡后的一种表现形式。

烦恼的受害者首先是烦恼者自己，因为他要经常处于愤怒嫉恨的情绪中，看到别人快乐他却痛苦，势必影响自己的学业，工作和生活。

烦恼者怀着仇视的心理和愤恨的眼光去看待他人的成功，而自己却在这种不良的情绪中受到极大的心理伤害。

巴尔扎克说："烦恼者所受的痛苦比任何人遭受的痛苦都更大，因为他自己的不幸和别人的幸福都会使他痛苦万分。"因此，当烦恼心理侵扰时，烦恼者会心烦意乱，会痛苦，会愤恨，从而影响身心健康。

据医学家临床发现，烦恼的人容易得疾病。研究结果表明，烦恼能造成人体内分泌紊乱，消化腺活动下降，肠胃功能失调，经常腰酸背痛和胃痛腹胀，夜间失眠，血压升高，脾气暴躁古怪，性格多疑，情绪低沉。久而久之，高血压、冠心病、神经衰弱、抑郁、胃及十二指肠溃疡等身心疾病就和烦恼者如影相随了。

人的一生难免遇到各种各样的痛苦和烦恼，这是不以人的意志为转移的，但烦恼者比一般人更苦恼，他们所受的痛苦也比任何人的都大。他们自己的不幸和别人的幸福都会使他们痛苦万分。烦恼者既仇视和诋毁别人的成功，又哀怨自己的无能，终日自寻烦恼，自讨苦吃。因此，为了自己生活的幸福和身心的健康，还是让我们尽早从心中挖去烦恼这颗毒瘤吧。

别给生活带来"不幸"

卡耐基曾说："一般情况下，五个人当中就有四个人没能够拥有他本来应有的运气。"并且他还说："不幸感往往是心理最普通的状态。我们不愿强调拥有好运的人是多么的稀少，但在事实上，正在过着不幸生活的人，其数字却远远超出人们的想象。"

对于任何人而言，追求梦想应该是最基本的欲望之一。然而，梦想必须是赢来的。赢得它也并不十分困难，凡是想要得到它的人、具有坚强意志的人、知道正确方法而切实履行的人，都能成为幸福的人。

有一次，在火车的餐车上，有位太太身上穿着名贵的毛皮大衣，上头缀着璀璨夺目的钻石，然而不知是什么原因，她的外表看起来却总是一副不悦的样子，她几乎对于任何事都表示抱怨，一会儿说："这列车上的服务实在差劲，窗没关严，风不断地吹进来"，一会儿又大发牢骚："服务水准太低，菜又做得难吃……"

不过，她的丈夫却与她截然不同，看上去是一位和蔼亲切、温文尔雅且宽宏大量的人。他对于太太的举止言行并不在意。

他礼貌地向沉默的同车人打了个招呼，同时做了一番自我介绍。他表示自己是一名法律专家，又说："我爱人是一名制造商。"

听完他所说的话，同车人感到相当疑惑，因为他的太太看起来一点也不像个实业家或经营者之类的人物。于是，同车人不禁疑惑地问："不知尊夫人是从事哪方面的制造业呢？"

"就是'不幸'啊，"他接着说明，"她是在制造自己的不幸！"这位先生脱口而出的话，一语中的，很贴切地道出了实际情况。

事实上，在我们的四周充满了这些正在为自己制造不幸的人。严格说来，这种情况实在值得人关注，因为，那些足以破坏我们幸福的外在条件或因素已经太多，如果我们还在自己的心中制造不幸的话，那么，真可以说是不幸之极。

人们之所以会自己制造不幸，其主要原因是由于自己心中存有的不幸想法所致。例如，总是认为一切事情都糟糕透了，别人拥有非分之财，而我们却没有得到应得的报酬等等。

此外，不幸的想法往往会把一切怨恨、颓丧或憎恶的情绪深深地埋藏在心底，于是不幸的程度将日益加深。那位夫人拥有别人期盼的钻石，但是，她拥有的财富并没有将她排除在自己制造的不幸之外，因为人们自己制造不幸时是因为自己内心的骚动，而与外界无关。

世界上没有一个人会因烦恼而获得好处，也没有人会因烦恼而改善自己的境遇，但烦恼却有损于人的健康和精力，会毁灭生活和幸福。

一个把大量的精力和时间都耗费在无谓的烦闷上的人，不可能全部发挥他固有的能力，只能落得一个庸庸碌碌的境地。烦恼这个东西会分散一个人的精力，阻碍一个人的志向，减弱一个人真正的力量，并损害他的健康。

烦恼对一个人的工作质量会有十分明显的影响。在思想紊乱的时候，一个人在自己的工作上绝无出色的表现。因为思想紊乱会使人失去清晰思考和合理规划的能力,脑细胞中一旦贯注了烦闷的毒汁,注意力就再也不能够集中。

烦恼不仅会使人的心灵衰老,还会使人的面容衰老。

一个人若是整天处在烦恼之中,生命便会消磨得很快,有些未到中年已经显出衰老迹象的人就是这种原因所致。有些年方三十正当青春的女子,面容上却布满了皱纹,这既不是由于她们做了苦工,也不是她们境遇困难,而是因为她们在日常生活中自己制造的烦恼。这烦恼给予她们家庭的是不和谐和不快乐,给予她们自己的是衰老。

驱除烦恼最好的方法,就是常常保持一种愉快的心态,而不要处处只想到生活与工作的不幸。在烦恼的时候,我们只要用希望来替代失望,用勇敢来代替沮丧,用乐观来代替悲观,用宁静来代替躁动,用愉快来代替愁闷就够了,那样的话,烦恼在我们的心灵中就无处生存。

请记住:别天天愁眉苦脸,成为一个"不幸"的制造商。

塞翁失马,焉知非福

现实生活中,人们常说"吃亏是福",事实上,这道理之于社交之中也是如此。当你在对方面前吃亏的时候,无形中,就等于你在施恩于对方,看上去你好像是赔了,但事实上,你却是赚了,因为你吃了亏,对方得到了好处,他就欠了你人情,要知道,这个世界最难还清的就是人情,所以,你吃点小亏能算什么呢?对方欠你的人情是迟早要还的。

所以说，从某种角度上来说，吃亏会让你在朋友眼中变得豁达、宽厚，让你获得更多、更深的友谊。当你遇到事情时，这些朋友也定会竭尽全力帮助你的。

刘宇最近承包了一个服装加工的生意，工程很大。但当他们做到一半的时候，原本协议供给他们的原料布商却突然出了问题，这就意味着，他们要重新开始加工。很多人都劝刘宇，干脆明白地告诉对方，原料布商出了问题让对方延期吧，哪怕赔点钱也比重新加工要划算啊。但是刘宇却坚决不同意，毅然从头开始，多请了工人加班加点，最后终于在最终日期的前一天全部完成了。

对方非常满意，刘宇的公司濒临破产，不多久，因为这件事儿赢得了业界客户们的信任，订单一个接着一个的来。他的公司转亏为盈了，而且越做越大，越做名气越响。

用吃亏来赢得朋友，用吃亏来赢得信誉，这其实是一种非常有远见的办事技巧。不过，吃亏的方式也分很多种，有的亏可以吃，但有的亏却不能随便吃。很多人为了息事宁人，自愿去吃亏，结果只能落得个"吃哑巴亏"的下场，没人挂念你的好。所以，我们一定要有选择的吃亏，有吃得值当才成。

对自己值得或者需要维护的人际关系，应该采取建立和保持的态度；而对那些对你无利的关系，则应该采取疏远的态度。人际关系的本质就是一种交换，人与人之间情感的交换，也是利益的交换，因此，只有有益的、值得的，你就要去做，需要先付出，就先付出。

所以，大可不必为了自己吃点小亏而愁眉不展，事实上，这应该说是大好事儿，首先，你没有占别人的便宜，你心安理得对，其次，也算是找了机会结交人缘了。当你遇到困难的时候，他人自然尽心尽力地帮你，这样一来，你要办的事情岂不是会变得更加顺利。

所有的事情都是有两面性的，你一方面好像是失去了，但是你肯定能够从另方面获得，所以，生活对于我们而言，把吃亏当成是一种理性的投资，一定能有所收益的。

圆滑变通，另觅蹊径

俗话说得好，要灵活做人，能进能退，能屈能伸，不能盲目冲动，因为冲动是魔鬼，常常导致我们的失败。更不要为了一时的气不顺就让自己有一肚子的气愤，无数的事实证明，不懂进退，为了一时的面子、好胜心而盲目前进的人，常常会造成满盘皆输的局面，从而丧失了从头再来的机会。

我们活着不会为了和谁争面子，因此不要什么事情都一副强硬的态度，什么事儿都得自己当先，不懂得退让，只能让自己受伤。每个人都该懂得退一步海阔天空的道理，有些时候进攻远不如退让获得的更多。除此之外，退让也是一种维持良好人际关系的手段，能够化解很多一触即发的矛盾。

善于灵活变通的人在收获成功的同时往往也能得到很好的人际关系，因为他们总是表现得以他人利益为先，因而更能得到他人的青睐，但实际上，他们是在为了自己长远的利益开辟道路。每个人都该明白，有些时候沉着的向后退步胜过冲动地向前很多步。

一次，一个人在台上做演讲，有一些人起哄，还有一个人站在演讲台的下面对着演讲的人破口大骂。但是演讲的人就跟没看见似的继续演讲，听着台下的人骂得难听，身边有人对此感到很不解，便偷偷地问演讲的人，为什么不去教训他，没想到演讲人却说："因为我还要为台下的人演讲，在我看来，破口大骂的不过是个驴子，我没有必要和驴子斤斤计较而耽误了我演讲的大事吧！"台下的人弄了半天，见台上的他没反应也只好悻悻地走了。

演讲的人说起哄的人是驴子，也就是动物，因此完全不需要理会他们，这个人转变了自己的思维，避免了一场不必要的争斗。

试想，如果换作别人，事情不会那么简单，对方骂一句，你要还回去 10 句。这样你一句我一句，最后别说演讲不能再继续，没准还会发生更难以收拾的事情，那对任何人来说都没有好处。

有时候，变通和退让并非弱者的行为，而是智者的武器，退让也是强有力的回击方式。我们都看过跳远比赛，为了跳得更远选手们总要向后退一步给自己做个缓冲，此时的退一步是进大步！

陈强是靠白手起家的，经过 20 多年的打拼，曾经摆地摊卖家用小电器的他如今已经成为一家民营家用电器公司的老总，有着非常不错的经济基础和市场。

然而好景不长，没过多久，国外一些知名品牌的家电纷纷进入当地市场，价格相差不大，人们自然会选择外国的大品牌，于是，陈强的家电面临着严重的滞销。此时，陈强面临两个抉择，一是继续投资；二是取消投资。陈强开了十几次会议讨论这件事儿，很多人都认为应该继续投资，毕竟做这个领域比较熟悉，而且他们始终是有一部分市场的。陈强感到很为难，随后他花了半个月的时间去走访家电市场，经过一系列的调研，最后他决定停止投资另辟蹊径。陈强感觉到老百姓的生活越来越好了，以前人们买国产家电都觉得贵，现在却一股脑的看上了进口家电，如果再做一些低端的东西肯定是无法符合市场了，然而考虑到他们自身去做高端产品的确难度很大。于是，陈强决定投资建家电超市，果然，陈强开的超市很大程度上方便了大家购物，而且还将自己的一些滞销家电放入了促销环节，比如满多少钱加一些钱可以购买之类，不出两个月，滞销的家电便销售一空，开辟了一条新的生财之道……

退不等于消极的逃避，相反是另辟蹊径的智慧，经营事业需要胆识与智慧，经营人生更是如此，面对竞争激烈的社会，我们只有保持冷静，学会以退为进，才能走得更远，跑得更快！

拒绝烦恼，学会拐弯

一条道走到黑的人太傻了，因为总是不能够变通，虽然说遇到困难本应正面回击，但有些时候，困难面前我们也要侧面回击，与其守着强大阻碍不能前行，不如换想法拐个弯行走。

拐个弯走不是懦弱的表现，不意味着退却或放弃，而是对人生的一种审视。面对一条自己走不了的路，虽然能更近的到达想去的地方，然而却会在路上耽搁太长的时间，与其这样还不如换则一条自己习惯的小路，虽然曲折但却相对顺畅，往往比能一心走之路更快的到达想要去的地方。

人生如攀岩，目标是到达山顶，只要能到达山顶便不在乎是走哪条路上去的，有些时候离山顶最近的路岩石密布，就算再有能力的人挑战也是危险重重，很有可能前功尽弃；所以，避开岩石而行，能够更为顺利地到达山顶，也不失为明智之举。

墙壁上有个小地方沾上了一些油，一只蚂蚁往墙上爬的时候经过了那里，很快便从墙上滑了下来。但是它没有放弃，依旧往上爬，不过每一次都会遇到那个地方，接着每一次又滑下来，这样反反复复不知道多少次，它也没有能爬上那面墙。实际上，它只需要改变一下路线，就能顺利地爬上墙壁，但是它没有，一意孤行地走在原来的路线上，虽然借此我们不难看出蚂蚁那种顽强地坚持，然而，也不难去想象，这种顽强是否有些愚昧呢？它完全可以更顺利地爬到墙面上，而它却未曾想过改变自己的路线，永远徘徊在错误的误区之中。

毫无疑问，人生的道路上，没有人愿意走曲折的道路，都希望走上一条笔直的大路，沐浴着微风……然而，人们却忘了想象，当笔直的大路面临大面积"施工""维修"的时候，与其站在那里等待，不如开辟一条小路，虽然小路弯弯曲曲，又多是山路，相比你去等待漫漫无期的大路要好得多吧！

诚然，很多走惯了平坦大路的人一遇到弯曲的小路不免心存疑虑，小路那么弯曲，多是山路定是很难走。不过假如你想更快地、更好地获得成功，不愿意自己的成功在等待的路上荒废掉，那么，就必须学会偶尔地走走曲折的小路，因为只有懂得直曲并行的人才能成为最后的赢家。

生活中的方方面面都需要我们做到曲折前行，迂回前进。比如面对一件事情或者一个问题，很多时候，当我们的思路受到阻塞的时候，不妨换一种想法再去思考，换一个角度再去面对，这个时候也许就会茅塞顿开，有种豁然开朗的感觉了！

一个温州商人开了一家服装厂，做服装，起初生意做得是有声有色，但是随着其他的服装厂越开越多，尤其是一些国外的知名服装品牌纷纷在本地落后，他的生意越来越难做了。他思考之后，觉得在这样竞争激烈的情况争得一时的高低实在是太难了，于是，他决定转而去投资其他人没有利用的地方。他开始放弃服装制作，转而开始投产于服装相关的零附件，比如说拉链，纽扣等，看似都是一些小东西，却给他带来了很高的利润，因为款式非常新，他的订单反而比以前做服装还要多，而且只要是做衣服就需要这些材料，短短的两年间就赚了以前四五年才能赚到的利润。

日常工作中，我们也必须有迂回面对生活的魄力和概念，凡事儿都应该有换个思路的念头，世上没有一条成功之路是笔直的。同样，也没有一条道路是绝对弯曲的。关键看你怎么走，如果你懂得曲折结合的道理，能够把握实事及时的转变自己的思路。那么，就算是弯路对你的成功之行而言也是直路；相反，如果你不能审时度势，总是一条路走到黑的话，即便是直路对于你而言其实也是曲折的。

与其烦恼，不如学习

烦恼者往往自我设限，总感到自己优秀，自己比他人强，因此，忽视了自己的短处。当一个人只看自己的优势，不看他人的长处，不愿意学习别人，怎么能保持强烈的进取愿望呢？没有了强烈的进取心，怎能进步？

曾风靡世界的美国拉链业，就是因为看不到日本企业等后来者的优势，没有学习他人的长处，从而丧失了竞争优势的。

既然烦恼是因为别人比你优秀，何不以优秀者为师，学他们的优点，让自己也变得优秀。否则，你越烦恼，他们和你的距离越大，越会处处防范你。因而，一个人要想抛弃烦恼，最好的办法就是放开眼界，看其他人的优点和特长，从中发现自己的不足和差距，下大力气学习他人，用他人的优点弥补自身的不足，使自己进入先进者的行列中。

曾经，我国的一个造纸业代表团去日本访问。

在日本的一个大型造纸企业的展览室中，他们发现该企业详细地列出了在造纸发展过程中，哪些技术是从中国学来的，哪些技术是从欧美学来的，并且连从什么地方、哪个企业学来的，都做出了详细的说明。而且学到这些技术后，对自身发展起到了什么作用等也都一一列出。

日本人对那些先进和优秀者不是烦恼，不是中伤落马，而是虚心学习和借鉴，参观者不由感叹日本人宽阔的心胸和善于超越的意识。

这也给我们以启示，既然烦恼是因为不满而引起，那么就想办法超越优秀者吧。前提是以优秀者为师，以他人之长补自己之短。

大凡烦恼者都很自恋，只是一味地喜欢自己、接受自己、悦纳自己，而看不到别人的长处。

俗话说："山外有山，天外有天"，只看到自身的优点是不够的，还要学会用欣赏的眼光去发现别人身上的优点。你抱着欣赏的态度而非挑衅的姿态，高手才会心甘情愿教你一招。这样才能化烦恼为竞争，找出自身的不足，努力使差距缩小，才有可能提高自己。

以优秀者为师当然需要虚心，要敢做小学生，不能像武林中人一样处处摆出挑战的姿势。只有这样，才能清醒地认识自我，不断地去超越自我。

一天，孔子游历到宋国。有个小孩用土块垒起了一个大圆圈，挡住路。

孔子下车问道："你为什么不给我们让路呢？"

小孩说："这是一座'城池'。请问大圣人，在路上遇到城郭时，是车让城还是城让车呢？"

孔子毫不犹豫地回答："当然是车让城啦。"

小孩用手指着那堆土块说："那好，你就绕道吧。"

孔子环视四周，要绕道吗，路途太远，要从旁边经过吗，周围又是庄稼，于是，就和气地对小孩说："你能不能把'城池'拆掉让我们过去呢？"

小孩生气地说："你是个知书达礼的先生，怎么能拆城让车呢？"这下孔子显得十分尴尬。

小孩见状对孔子顽皮地笑着说："如果你肯叫我一声'先生'，我既不拆'城'，又能让你过去。"

子路听到这里，忍不住训斥小孩："这位大圣人怎能向你这个黄毛小儿拜师，不知天高地厚。"

可是，孔子却制止了子路，只见他走到小孩跟前，躬身施礼，恭恭敬敬地叫了一声"先生"。于是，小孩说："既然你在'城门'外，我在'城门'内。现在，我把'城门'打开，你不就能过去了吗？"说完，他拿掉了当作城门的一个土块。于是，四周的土块顷刻瘫倒成为平地。

孔子看到这里，既惭愧又佩服，伸出大拇指对小孩说："我比不上你，你让我长知识了。"

当今世界，每个行业的发展都很快，各种新技术、工艺以及新管理措施等层出不穷、日新月异，令人目不暇接。而每一个人，在拥有的知识技能方面都是有一定限度的，不向他人学习，容易落在他人后面。而虚心学习他人的成功经验，无疑会缩短自己奋斗的路程。因此，只有向优秀者学习，才有利于自己的进步。

向优秀者学习会让人清醒客观地认识自己，向优秀者学习，有利于学会分析自己的长处和短处，从而做到扬长避短，完善自我，明白了"天外有天"，你又有何烦恼的理由呢？

当然，以优秀者为师，也需要有选择性。因为，那些优秀者的成功模式并不一定适合每一个人。每个人的个性、主客观条件不同，并非所有优秀者的经验都值得你去学。因此，你可以学习他们取得成功的某些方面，但不必全部照搬。

他人是本书，优秀是财富。结交优秀的人，学习其优秀的经验，就像读到一本优秀书籍一样，不仅能成为我们的益友，而且很可能成为指引我们走向成功的良师。因此，你不妨把烦恼转化为强烈的超越意识，把烦恼转化为成功的动力，到那时，你成了人人羡慕的成功者，何用去烦恼他人？

忍者无敌，何须烦恼

生活中很多人以为，忍耐是弱者行为，忍耐会让自己丧失争取幸福的权利。其实不然，对于一个真正明白何谓幸福的人而言，只要他有决心、有能力，不管他忍耐多久，如何忍耐，都是能够获得成功与幸福的。而且另一面因为他的隐忍，他会更具魅力与内涵，更易受到人们的欢迎。

人的一生常常需要忍耐以对，忍耐不是逃避，而是一种智慧，因为忍耐，会获得新的契机，忍耐误解让我们获得理解；忍耐贫穷让我们获得财富；忍耐失败让我们赢取成功……每一个忍耐背后其实都是一支弥漫着芳香的花朵，就像寒梅挺过了，严寒就能面对暖春。

中国自古就以忍耐为一种美德，但就现代社会而言，这种历史传承下来的美德却与我们日益竞争激烈的社会不大合拍，现在的人都在争，谁愿意忍呢？的确，没有人愿意自己的利益受损，但是一味的竞争就能让你获得想要的吗？那绝对是不可能的，相反，争会让你失去更多，当你与人发生矛盾，争的结果势必让双方受损，但如果能够忍一时风平浪静，懂得化干戈为玉帛，便是一种大智慧，只会令强争的人无地自容。

人们常说忍字头上一把刀，这把刀让我们痛，但更令我们痛定思痛，这把刀削平了你的锐气，也雕琢出了你的勇气。只要我们身在社会中，就避免不了纷争，这个时候，就更不少了隐忍的态度。

古时候一个人气冲冲地问一个老者，他说："刚刚有人羞辱我，嘲笑我，蔑视我，让我当众出丑怎么办？"

老者笑了笑气定神闲地说："不去理会，对他说的话当作没听见，他想怎么样你就依着他，主动让着他，装聋作哑的漠视他，看他还能做什么？"这种忍耐不是对一个人的挑衅认输，而是人生中的大智慧与勇气所在。

很多人认为忍耐是一种妥协，其实忍耐并非只是单纯的退一步，生活中，任何人的妥协都不仅仅是为了避免争吵、争斗，往往都还夹杂着一种坚持，这种坚持实际上来源于一颗坚定地心，而一颗拥有坚定内心的人往往能做成很多的事情。

人的一生怎么可能处处顺利，当遇到不如意、不顺利的时候，一个人的忍耐力往往能够发挥出惊人的作用，起到出奇制胜的效果。无数的事实也告诉我们，在小的环节忍耐不住的人，常常会因小失大，最后一无所获！

有两个在商场上竞争的人一起去竞拍某块地皮，两个人互不相让，争得面红耳赤，纷纷给出高价，甚至拍出了天价，这个时候能够忍耐一下，不争的人往往是赢家，因为另一个人会为了争一时的气愤而用天价购买了那个地皮，等到他清醒之后会觉得其实是吃了大亏……

忍一时风平浪静，这句话诠释了人生中的大智慧，无论是工作中还是生活里。

现实中，处处都需要我们的容忍之心，很多时候，容忍一时不难，但是要为了成功一直忍受各种各样的折磨，便是难能可贵的精神，而一个人能做到如此，也势必将大有所成。

　　人生总有巅峰的辉煌，也有低谷的落寞，只有那些在低谷之中还能够坦然以对笑谈风声的人，才能成为真正的赢家。走过低谷前面便是海阔天空的豁然开朗。回头来看，那些低谷里还能忍耐的日子更是难能可贵，而在那些痛苦的日子中的挣扎与执着更将成为我们人生路上最宝贵的财富！

吃了亏也不要烦恼

　　人常说："吃亏是福"，但很多人在面对吃亏这个问题上往往一个态度：斗争到底！

　　有这样一个人，大学毕业后，他开发了一个很有趣的软件，他把这个软件分别投递给几家公司，几家公司也纷纷给出了回应，其中一家公司是业内最有名的企业，但他给出的购买价格最少只有2000元，而有一家公司虽然在业内没有什么知名度但是却愿意出3万元购买他的专利，当时，他身边的很多人都劝他卖给价高的人，这样他就有了自己工作室的启动资金，但是令人诧异的是，他卖给了最少的那家公司，很多人不理解他的行为，都说他的软件做得很好卖得这么便宜是吃了大亏，那家大公司就是依仗着自己规模大故意杀价的，但是他却并不这么认为，相反他比拿到那三万块钱还高兴。

　　一年的时间过去了，这期间年轻人又做出了两款软件，但是他一直没有售出，而是靠着在一家小公司上班维持生活，突然有一天，他的一朋友拿着一个光盘回来找他，说他的软件上市了，现在每张就卖100多块钱，当然，这位朋友还不忘再说一遍他吃亏了，但他只是微笑着说："我不但没吃亏反而捡到宝。"

说完，年轻人给很多公司发去了他新设计的软件，与上次不同，这次回应的公司更多了，而且价格也不再是当初几万块钱。年轻人选择了一家不错的公司卖掉了两个软件，并且进入该公司担任起了软件开发主管，当人们再次询问他是如何得知自己吃亏的时候，他是这样说的："虽然给的钱很少，但是那家公司的实力有目共睹，只要他将我的软件上市，我就能得到比之前损失的 28000 元更多的回报；而相反，如果我把软件卖给了出价 30000 元的公司，那么我得到便真的只能是那个价格，你觉得哪个亏？"

由此可见，吃亏是福是绝对存在的，并非阿 Q 精神的自我安慰，而是一种变通处事的态度。占便宜占到未必都是好事，吃亏吃的未必都是坏事。吃亏是福，这并非智力障碍者理论，而是一种豁达的态度，一种明智处理人生问题的手段，聪明的人总能从眼前的亏中看到长远的福！

别为芝麻小事而烦

如果你问一个人，你活着是为了什么？有人会说快乐，有的人会说幸福，有的人会说成功……但肯定没有一个人会说自己活着是为了生气的。

没有谁喜欢有事没事生气的，但很多人却有事没事就生气。其实，不是生活中的不顺心太多，而是因为我们忘了自己活着是为了什么。

有一位金代禅师非常喜欢种兰花，在平日弘法讲经之余，花费了许多的时间栽种兰花。有一天，他要外出讲学，就交代身边的小和尚，要照顾好寺院里的兰花。

禅师走了以后，小和尚悉心地照顾兰花，但有一天在浇水时不小心摔了一跤，把花架撞倒了，所有的花盆都摔碎了，兰花散了满地，很多都被摔坏了。

小和尚心里非常不安，每天都吃不下饭，睡不着觉。

过了几天，禅师回来了，小和尚心惊胆战地向禅师赔罪。

禅师看着泪流满面的小和尚，不但没有责怪，反而和蔼地安慰他。

"那么，师父您真的不生我的气吗？"小和尚以为禅师可怜他年纪小才饶了他。

禅师笑着说道："我种兰花，是用来供佛的，我又不是为了生气才种花的。"

禅师种花不是因为爱花，而是为了供佛，这就是禅师最初的愿望。当一整架的兰花都被摔坏以后，他并没有生气，因为他没有忘记自己原本的愿望。没有了种养的兰花，采些野花来一样可以供佛，所以才会说："我又不是为了生气才种花".这样的话。你是不是也从金代禅师的大彻大悟里得到一些启示呢？

在日常生活中，我们常常会有很多的烦恼，时不时地还发一些脾气出来。回过头想想，那些惹得我们大发脾气的事情其实没什么大不了，不过是一些小事、一段小插曲而已，只是当时太认真了。

所以，当我们遇到这样或那样的不痛快的时候，不妨想一想，我们做这些事究竟是为了什么。当我们找回自己最初的愿望的时候，就会发现眼下的不快其实根本算不了什么。

每当生气的时候，不妨想一想禅师的教诲：

"我不是为了生气才种花的！"

"我不是为了生气才工作的！"

"我不是为了生气才恋爱的！"

"我不是为了生气才结婚的！"

当你这样做了之后，你就会发现，你的生活一下子变得阳光灿烂了！

由此，可以得出，不论什么时候，当烦恼袭来的时候，一定要记得告诉自己一声：我不是为了生气才活着的。

所以说，想要拥有一个幸福的人生，其实很简单。第一，你不要拿自己的错误惩罚自己，第二不要拿自己的错误处罚别人，第三不要拿别人的错误处罚自己。有这么三条，你就不会再为小事情生气了。

从容的人没有烦恼

凡事尽力即可，无法改变的事情就不必太过在意，生活中的麻烦事儿常常是因为你觉得它麻烦它才是麻烦的，若从容一点，便会豁然开朗很多，你也会因为从容的心态而成为一个真正快乐的人。

有人说过，能够静看"云卷云舒"的人是智慧的，因为他们学会了淡然面对生活。的确，生活在社会之中，总要面对一些令你烦恼的事情，这是无法避免的，如果此时，你烦乱不已，没有定性，那么，你注定会陷入某种心理失衡的状态之中，很快便会被生活打垮，那便意味着，无论你走到哪里，你的生活都将是一团混乱。

古人曾把不以物喜，不以己悲定位一种圣人的生活状态，的确，这样的状态很少人能够做到。但事实上，一个真正的成功人即便无法完全将自己置身事外，也绝不会因为生活中的琐碎小事儿而分心，而困扰，无论是丢了钱还是误了飞机……这些事情都不会影响到他，相反他会默默地调整自己的状态改，或者想办法去解决遇到的麻烦，甚至干脆不去理会麻烦。

这样的人多半会获得成功，为什么呢？因为他们能够保持自己内心的安宁与乐观，从容的面对生活中随时都会出现的麻烦，他们也会遇到那么令人措手不及的打击，但他们首先要做的绝不会是抱怨与无助的痛苦，而是理性思绪，从容自若的来应付。

"天塌了，有高个子顶着"，从容面对人生的人懂得这样的道理，因此，他们总能游刃有余的应对一切。

小强是一个刚毕业不久的学生，刚走入社会，所有的事情都让他感到紧张而烦恼，拥挤的地铁让他抓狂，在电梯里遇到难缠的上司让他抓狂，复杂的公司会议报表更让他抓狂。那段日子，小强觉得自己活在了地域，似乎没有一件事情能够办好，这绝对是个恶性循环，小强的情绪越差，他所犯的错误就会越多。

一次，他把报表整理错误，被上司叫到办公室训话，下班回家后，小强把自己关在房间里失声痛哭，他甚至有那么几秒钟觉得自己是个十足的倒霉鬼，小强的妈妈敲开了他的房门，了解到小强的苦恼之后，他的妈妈问他："为什么你要觉得自己是个倒霉鬼呢？你难道不知道你所遇到的那些事情，每个人每天都在经历吗？难道大家都是倒霉鬼？为什么不换个角度去思考问题，为什么要把事情都看成是麻烦呢？"

小强看着自己的母亲没有说话，他的母亲继续说："地铁拥挤，每个上班族都要经历这样的事情，把你的心放得轻松一点，你便不会觉得那么难过了。在电梯上遇到上司，这是个多么好的机会啊，你和他打招呼，甚至把你不懂的事情去询问他，不要给自己心理负担，其实，这样的麻烦事儿，每个人每天都在经历，但我们总能在一些人脸上看到明朗笑容更，那并非他们遇到了好事儿，而是他们完全没有去理会那些所谓的麻烦，甚至忽视了麻烦。如果你能够从容对待自己的人生，你会觉得，生活是多么的美好。"

小强明白的母亲的意思，第二天，他如往常一样去上班，但是此时，他的心情却不一样了，不再会因为拥挤的地铁而烦恼，不再会因为在电梯中遇到上司而觉得尴尬。他学会了从容的面对生活中的必不可免的小麻烦，学会了忽视那些麻烦，因而他收获了美好的生活。

人要活得从容一点，若总是烦恼于生活中那些琐碎的事儿，怎么可能会幸福，怎么可能有足够的时间去为了成功而奋斗呢？

由此可见，从容的心态对于一个人而言太重要了，可是，现实生活中，大多数人虽都明白这一点，却做起来很难，他们对生活总是抱有一种完美的遐想，什么事情都想要得到最好的一面，一旦事不如愿就可能会心灰意冷，抱怨生活。但人生不如意之事十有八九，怎么可能事事如意呢？又何必非要和自己过不去呢？

对于任何人而言，无论所处的环境是多么的不如人意，或者目前的生活条件是多么的不完善，这都无所谓。因为，现实生活中每个人都是有巨大的潜能的，没有必要为了这样的事情而郁郁寡欢，要知道，但凡有所成就的人都是能够在面对压力与挫折时保持从容，做自己主人的人，因此，想要幸福生活，你就该训练自己拥有一份从容的心态，这样一来，任何事情都无法影响到你的生活，你才能更好发挥自己的潜能，为了明日的成功与幸福。

我们要活得从容一点，从容不仅仅是一种人生境界，更是我们幸福生活的基础，也是我们历经人生之后智慧的积淀。只有掌握这种对待生活的睿智，才能真正做自己人生的主人，做幸福的主人。

看淡人生必经的得失

这个世界，月有阴晴圆缺，人也有悲欢离合，这是不可能改变的事情，也是人间万象的规律，因此，我们对于人生中的悲观得失不必太过计较，因为，很多时候，所为失即是得，所为亏也是盈。

目光长远的人不会在意当下是否吃了亏，因为吃亏总是暂时的，暂时的失去与损失，却总能得到长远的收益。因此，他们不会浪费太多时间在计较眼前的方寸之间，而是高瞻远瞩，把眼光拉长去看生活，多给自己一些感受幸福的机会。

有时候仔细想想，无论是生活还是工作，很多看似吃亏的事情，其实往往都能在最后得到补偿。你渴望得到的东西没能得到，于是，你认为自己吃亏了，甚至有了一种越得不到越想得到的冲动，于是那些得不到的东西或事情就成为我们印象中的一种"福"，这其实就是一种狭义的想法，为什么生活中只有得到才算是福？其实，有些时候失去何尝又不是一种福。

当下的吃亏未必就是坏事，更多的时候，用眼前的蝇头小利换取长远的收益不是明智之举。因此，吃亏是福，不要为了眼前的一己之力而落得个"目光短浅"，与其斤斤计较那些已经损失的，不如坦然现在，因为说不定那日便会得到意想不到的收获。

敢于正面面对吃亏的人往往不会用负面的眼光去看待生活中的问题，不会总是给自己很多假设，大都能够正确的承认自己吃亏的事实，并且积极地寻找吃亏的原因，想办法转亏为盈。吃亏不该是一种消极的、颓废的，也不应是悲观的、懦弱的。

林源和几个好友一起去丽江玩，在那里买了很多纪念品，其中也有一些易碎的东西，回来的时候，他们租了一辆微型车装买的礼物运回宾馆。往车装的时候，林源的东西被装在了最上面，但是他的一个朋友怕自己的东西在最下面会被压坏，便悄悄地把林源的东西放在了最下面，路上，一处公路损坏了，车来回颠簸几次后，最上面的东西因为没有绑紧而掉了下来，人们赶紧下去查看，发现摔在地上的好几件东西全都坏了……

这个故事，起初林源吃了亏，但是后来他却成了受益者。

人与人相处，如果总是抱着占便宜不想吃亏的态度，凡事儿都尽可能地以自己为中心，最后，他多半会因此而成为真正吃亏的人。

也许，你认为把吃亏当成福的人大脑有些不灵光，吃了亏，受了损失，还高高兴兴的，这不是大脑有问题吗？事实上，这样想问题的人常常过于激进，生活中哪个人能一辈子都不吃亏呢？若是一个人总是一副咄咄逼人，一点亏不吃，有便宜就占，那么，这个人最终会受到社会的排挤，到那时，他便再也无便宜可占，只剩吃亏了。

这里说的吃亏吃的通常不是亏，有一个人他在路边开了一家小便利店，每当下过雨之后，门前那条小路都会变得泥泞不堪，而且一旦有车从路上开过，就会贱得泥水四溅，而这个地方恰逢一到春夏季就会小雨不断。于是，这个人自己出钱买了很多沙石把这条路都铺上了沙石，很多人认为这个人有毛病，干吗要出那份钱呢？他又得不到什么好处，就连他老婆也这么觉得，说他吃亏没够，可这个人却不那么想。

他觉得，如果不铺的话，一到下雨路就泥泞不堪，那么，人们便不会来他的便利店买东西了；另一面，车在泥泞的路上经过，每次都会把泥水溅进屋子，他每次都要重新清理，但铺了沙石以后就不同了，表面上是方便了居民和过往的车辆，其实收益的还是他自己。

当然，我们生活中所要面对的吃亏的事儿也并非如此，也会遭遇一些小人的算计，这个时候怎么办呢？其实，解决这样的问题更简单，那就是你站在他的角度上告诉他，如何才能将他的利益最大化，成全他的心思，这样一来，你的大度与豁达，他会对你心怀感激，他日你有需要他的地方，多半情况下，他会积极所能地帮助你。

所以，我们完全没有必要为了吃亏而杞人忧天，很多时候，一时的吃亏往往能换来一生的福果！

烦恼越大动力越足

不可否认：由于主客观环境的原因，现实生活中确实有人一呼百应、威风八面，豪宅、香车，旅游休闲；可也有人抬轿推车、谨言慎行，丑妻、薄地、破衣烂衫……可是，你烦恼对方，对方并不会因为你的烦恼在某些方面受到任何损失。相反，烦恼只能使自己认识模糊把任何人都看成自己的假想敌。如果这种情绪不断地加强，会使自己的行为危害社会、危害他人，也危害自己。烦恼使自己减掉了自己本应有的一份好心情，给人生的快乐打了不少折扣。

其实，人间没有永远的赢家，也没有永远的输家。生活对每一个人都是公平的、公正的，只不过我们享用、消受的方式不同。有的人先苦后甜；有的人先甜后苦。正确的心态是：不要总烦恼别人的成就，也要关注别人的付出。就像没有付出就没有得到一样，他人的成功不会像掉馅饼一样轻松得到。如果你认为自己比不上他人，如果你想得第一名，那么就要在失败中反思和奋起，就应该自己努力拼搏，用实力打败别人，唯有这样我们才能真正学到本领，超过他人。只有树立合理的竞争观念会使人清醒地认识到自身的价值和能力；否则，烦恼也会破坏你曾经留给他人的好形象。

其实，万事万物是不断发展变化的，原先的东西必被现有的先进的东西代替，合理的超越别人和被别人超越都是极其自然的。未来的社会，竞争将更加激烈，他人优于自己是很正常的事情。只有以尊重、学习、赶超的态度对待他人的成就和荣誉，迎头赶上，这样才能成为时代和生活的强者。

只有把烦恼进行科学转化对促进自我成功才是非常有益的。因此，烦恼者要明白一个道理，只有失败的人才会去烦恼别人，而成功者是根本不需要去烦恼任何人的。所以，与其有时间烦恼别人，不如用来提高自己，把烦恼变为动力，提高自己的能力。当你以胜利者的姿势出现，还会烦恼那些不如你的人吗？

具体办法是：

（1）把优秀的人作为赶超目标

你身边那些令你烦恼的人，肯定有优于你的地方。对此，你不妨把那个人锁定成自己势必要达到的目标，为这个目标付出努力。那么，就不愁达不到目标，甚至超过这个目标。

（2）向身边优秀的人看齐

和比自己优秀的人在一起可以激发我们的斗志。别人行，我一定也行，于是想方设法要超过别人，这样就将烦恼之心转化为了好强的求胜之心。

（3）比能力

和比你优秀的人比能力，比对社会的贡献，而不要去比财产、地位之类的东西。你可以自己与自己比，看看各方面与以前相比有没有进步。如果有，当然很快乐，可以借机奖励自己一下。当你切切实实感觉到自己能干成一些事情，显示了自己的价值时，你还有什么理由值得烦恼的呢？

总之，烦恼毕竟是一种负面的情绪，是一种属于恶魔的素质。要消除这种不良情绪，必须正确认识自我、学会接纳他人、学会理解他人，学会公平竞争。放下烦恼的包袱，化为超越的动力，不图一时之快，一时之宣泄，把自己的生命放到历史的高度来认识，你会因为宽容而心安，因大度而无愧。

第七章

打开心房，让好心态进来

　　要培养出好心态，首先就要打开自己的心房，让温暖的阳光照进来。而若把内心关得严严实实的，像个刺猬一样，自己出不去，外界的事物也进不来。结果就只得积攒越来越阴暗的坏心情，让心变得更加脆弱。

　　人一定要看得开，生活里充满着做抉择的人生选择题，但逃避是解决不了任何问题的。

培养好心态很简单

　　带着新电视回家的喜悦，开着新车回家的激动，打开装着新鞋的盒子的兴奋，难道你不喜欢这种种兴奋的感觉？

　　我们总是热衷于往家园添补东西，却毫无兴趣去清理它，以至于现在我们需要更大的空间和更多存储空间，同时，我们的思想也越来越乱。你是否知道在北美，自存设备比麦当劳餐厅还多？我们发现，减少我们拥有的东西之所以困难，是因为我们对这些东西的喜爱。

　　真的是拥有得越少得到的越多吗？

　　拥有的少却能更好地享受生活，其中的快乐和艺术总结如下：

　　空间的真谛——空间有它美好的一面，然而我们没有发现它的好，因为我们不能看透我们所拥有的物品。当打开我们环境中的自然空间，我们心中会有一种巨大的平静感。这就是日本式家园的潜规则。极简派艺术就是赞赏这种小空间的美，在这里，越少真的是得到越多。我们必须明白空间是用来享受的，而不是一味地填塞。

节省精力——所有物越少意味着我们担心的东西就越少。人有了想要的一切，会非常害怕失去它们，会花很多精力来保护他的财产和战利品。

释放空间——当我们想起拥有的东西从来没有用过时，会因为没有用它，给自己强加一种犯罪感。比如，一些健身器材，很少用，每次看到它们，就会觉得占地方。实际上，通过清理和简化我们的外在世界，可以使内在世界像鲜花般绽放。

任何外部的东西都不能给予我们永恒的真正的快乐，其实我们内在丰富足以使我们真正快乐。

赏识——拥有得越少，我们就会经常给予我们所拥有的和真正需要的东西更多关注。欣赏是富足的种子，包括思想的富足和精神上的富足。当我们清理家园，使我们生活处于最基本状态，这时候也许我们能够更好地享受我们真正拥有的。

拥有的少能让人更好地享受生活的快乐和艺术，严格地说，还包含一些简单的变化。首先，我们必须明白我们的真正价值所在并集中享用；其次，我们必须从容地享受这些简单的事物，放慢速度，看看正前方是什么。

谈及幸福，很多人都会感慨，这个世界，想要幸福不是件容易的事儿。的确，幸福在很多人眼里如同奢侈品一般，也正因此，无论是男人、女人，毕生最大的愿望都是得到幸福。那么，幸福到底是什么样的呢？什么样的幸福才是大家心中所想的呢？这个问题太多人答不上来。

因为不同人对幸福有着不同的理解和认识。女人认为，幸福是永葆青春，美丽，找个好男人，组建一个好家庭……于是，容貌不佳的女人便开始抱怨自己不幸，觉得自己生活得不如美丽的女人幸福，但其实却未必，美丽的女人时常被美丽所累，常常担心自己容颜衰老，反倒活得更不自在，而这样的女人在面临感情的抉择时，就更烦恼，因为她真的不清楚对方是爱上她的脸还是她的心……

大部分男人认为，幸福就该是有足够的经济实力，有事业，可一个人赚的钱越来越多以后，他的确得到了高等物质享受，可能有名车豪宅美女相伴。但是渐渐的他也会感到空虚，因为金钱除了带给他物质享受之外，似乎再无其他的了，所以，这样的人也不幸福。

那么，幸福到底是什么呢？好像是一切，但似乎好像又什么都不是。

前段时间看了迪士尼新拍的一部动画片，里面一只会说话的狗对他的主人说的一句话让人感触颇深，它说："我无聊的时候就追自己的尾巴，如果每次都追到，那就是幸福！"

这是狗狗的幸福，简单的可笑，当然，现实生活中，我们无从得知那是否真的是狗狗们的幸福，但从这句话中，却不难看出一个道理——"简单即是幸福！"

其实，幸福什么都不是，不是美貌，不是金钱，也不是任何东西，幸福是一种来自内心的感觉，而这种感觉常常来自人生最简单的事情之中，也正因此，我们中的大部分乃至全部人其实都是幸福的，只是他自己不曾感觉到而已。

人们常说"平安即是幸福""活着即是幸福"这句话其实道理颇深，一个人活着，可以享受每天的阳光，可以为了理想而努力打拼，这难道不是幸福的吗？

幸福其实不在于你得到了多少，而是在于你如何想，当你认为自己是幸福的，那么，你就是幸福的！

同样的道理，那些认为自己不幸的人，多半是因为没有意识到幸福的存在。幸福其实很简单，它就是你的一种感觉，幸福和你所有的权利、财富无关，不必在乎别人如何看，如何说，而是在于你是否懂得追寻内心的感觉，选择你真正需要的东西。

曾经一个网络活动，评选网络十大平民帅哥，其中有一个人令很多人印象深刻，那个人就是在大学附近摆摊卖烧饼的烧饼帅哥。

因为网络，烧饼帅哥红了，他本可以不再卖烧饼可以做做其他事情，但他却已经摆摊卖烧饼，有记者去采访他，问他现在红了为什么还卖烧饼，他却说："我觉得卖烧饼是我的本行，我也喜欢干这个，别的我也不会！"

这是朴实的答案，他并没有因为自己的职业而苦恼，相反他开心地过着属于自己的生活，或许很平凡，或许不起眼，但是这是他的快乐人生，这其中的幸福是无法言语，也是不能解释的。

由此可见，一个人若想感受到幸福，首先要放下心理的包袱，活出真我，你会发现生活原本就是美好的，现在的自己其实很幸福。

幸福，说到底其实还是良好的心态。

心态好了，看什么都是美好的，自然更容易感受到身边的幸福，心态不好，看什么都不顺眼，自然很难体会到幸福了，我们看一个人幸福与否，与其说看他所拥有的，不如去看他的对待生活的心态。

赵雅芝是众人皆晓的知名女星，她是无数男女心中的偶像，时隔那么多年，赵雅芝依旧那么美丽，那么优雅，甚至成为人们心中不老的神话，或许你说她的经济条件给她提供了足够的保养空间，但也不得不承认，光靠外在的保养是绝对不够的，这其中必定少不了要有一个好心态，而赵雅芝自己也承认，保养的秘诀之一便是好心态，心无杂念！

由此不难看出，心态越简单越健康，也就越容易体会到幸福，当我们放下利益之心，用心去感受生活，便会发现，原来生活本身便是一种幸福……

拥抱自然，返璞归真

一位健康学者曾经这样告诫都市生活中的人："想要获得身心的双重健康，那么，就要不时地抬头望望看空，感受一下自然之广阔！"

的确，现实生活中，我们每天和钢筋水泥打交道，抬头看到的只是那么一小块天花板，久而久之，心情难免舒畅。因此，为了健康也好，好心情也好，我们应当多花些时间去亲近大自然，去大自然里走一走，去欣赏户外的美景和呼吸新鲜的空气。阳光、蓝天，还有芬芳的泥土，唱歌的鸟儿，盛开的花朵，这些都令我们感恩大自然造物的神奇，更激发我们生命的活力。

在自然之中，我们可以将所有的烦恼都置身事外，完全的享受那一抹无暇清风带来的畅快……

大自然就是有这种神奇的力量，它可让烦躁的心安静下来，可以让逆境中的人豁然开朗，可以让灰心失落的人重燃起希望的斗志……对于那些懂得欣赏自然之美的人来说，融入大自然的怀抱就如同是享受一次心灵放松之旅，山间小溪、虫儿轻吟、阳光微斜、树影交错……这种美丽与恬静是无法用金钱来换取的。

现代都市人生活在钢筋水泥之中，平时眼睛里看的，身边接触的都是高楼大厦、车水马龙，已经渐渐遗忘了大自然的纯净，在这样的地方生活久了，难免心生烦恼。另一方面，城市钢筋水泥混杂、环境污染较为严重，长时间生活对身体不利，因此，无论出于哪种考虑，心理健康还是身体健康，都该不定期地走出城市，走进自然，感受一下自然之美，相信你定会收获不少。

此外，心理学家研究表示，一个人长时间生活在繁华的都市，极少接触自然之美，她感受快乐的能力就会逐渐下降，甚至开始变得麻木，这一点也是为什么，人在大都市生活久了会变得情感麻木的原因之一。相反生活在乡间，经常与大自然接触的人，不仅更容易感受到快乐，而且心态也会更好一些。

大自然就是有这样神奇的效果，不夸张地说，它是造物者给予人类最大的恩赐。我们应该多与大自然接触，多去亲近大自然，你不仅能够收获轻松与畅快，对身体健康也是大有益处的。

从现在起，适时地抽出一些时间让自己置身于大自然之中吧，去感受大自然神奇的魅力，越是原始的地方，就越能带给你强大的生命力，这也是大自然的神奇之处。在这里，你所有的抱怨都会烟消云散，你所能体会的只是生命的渺小和珍贵，大自然的美丽，不在于它外在的美，更在于它可以让享受这美丽的人感受到生命的美好。因此，当你烦闷的时候，当你感到压抑的时候，为什么不停下前进的脚步，背上行囊投入到大自然的怀抱呢？让自己在其尽情地放松一回。

置身大自然的怀抱，放松心灵，让自己的心灵在自然之中尽情驰骋，放下所有的问题，清空所有的烦恼只单纯地享受无污染的空间……这该是何等的快乐与享受啊，所以，追求幸福的我们更要懂得亲近大自然，享受幸福的人生。

寻找业余的兴趣爱好

生活中各种各样的原因，导致很多人大多处在一种高压的工作状态下，而你是否也是他们中的一员呢？面对有些透不过气的压抑生活，你应该怎么寻求身体与心灵上的放松呢？

一方面你要不断地对自己说："I CAN！"不断地鼓励自己，增强自己的自信心和意志力；另一方面你要积极寻找适合你的调试方式，寻找你的兴趣所在，通过培养你多方面的兴趣爱好来减轻生活、工作上的压力。

广泛的兴趣爱好，既可以起到放松身心的作用，也可有效地帮你转移注意力，让你心思暂时从你繁忙的工作上离开一下，有利于缓解工作带给你的疲劳感和紧张感，以便于你更好的投入到工作之中。

无论你在什么地方，或是有没有特殊的技能，都不妨碍你发现并寻找自己的兴趣爱好，相反，无论外界生活如何，你总能找到一个适合自己的爱好，也许你的爱好是收集玩偶、书籍、石头、滑雪、打球等等。只要你愿意，你就会有很多令你感到放松的兴趣爱好，它会让你体会到人生的美好与乐趣，让你收获一种满足感。

一位朋友事业有成，生活中除了会议就是交际应酬，虽然偶尔也会客户们一起打打高尔夫，一起坐在高档的酒会中欣赏音乐品味美酒，但是他并不快乐，因为那不是他喜欢的事情，简言之，不是他的爱好所在。于是，他纵使得到了很多人梦寐以求的财富和地位却不快乐。后来，我对他说，为自己选择并培养一个兴趣爱好，那样一来你的生活便会充实。

这个朋友当时不相信，难道一个小小的爱好能够给我带来快乐和幸福感吗？不过他还是去尝试了，他小的时候去过草原，一直向往那种广阔的感觉，骑着骏马飞驰。于是，他来到了一家跑马场，当他骑上骏马在马场奔跑的时候，他似乎又回到了自己那个无忧无虑的年龄，几圈下来，他顿时觉得异常轻松，心情也感到很愉快。从那以后，他一有时间就回去跑马场，不久前他还专程去了一趟真正的草原，在那里骑着马奔驰，回来后，他立即找到了我，告诉我，他现在感到很充实，看来，一个兴趣爱好真的能够带给人无比的快乐，这是他之前从未想过的事情。

还有一个人，很喜欢收藏玉石，不过并非那种价值连城的玉石，而大都是些样子独特的玉石，其中包括一件他去云南游玩带回来的玉石，那块玉石刻着云南一个部落特有图案，非常特别而且漂亮。

一次，他的一个朋友来家里做客，看到了那块玉石，甚是喜欢，便想买，于是问他2000元卖吗？他摇摇头，不是因为朋友的出价不够高，而是因为他喜欢，其实他买的时候只不过花了400块钱。

几天后，不甘心的朋友在此登门，这次愿意出价5000元买，但是他依旧没买，还告诉朋友，不是价钱高低的问题，只是自己喜欢而已。

谁知到半个月后，这个朋友又来了，还带来了一个人，朋友说，那个人愿意出5万块钱买那块玉，但是他依旧不买，朋友有些不高兴了，便问："是真的不能卖吗？还是你觉得价钱不够高？"

他笑着说："这是自己喜欢，和价格无关，再说，这块玉并不值那么多钱！"

朋友一听也笑着说："若不值钱，你怎么不卖呢？"

他见越解释越乱，便找来了一个玉器鉴定师，结果经鉴定师一检验，这块玉还真的不值钱，市场价最多在700元左右。

朋友走后，他无奈地对鉴定师说："我是真的喜欢这东西，谁知到他们那么执着，一次一次的登门购买，价格也是一次比一次高！"

鉴定师则说："正因为你喜欢，舍不得，所以他们才觉得宝贵，才会认为你这么不想卖的东西是价值连城的！"

的确，一块玉因为主人的喜欢变成了价值连城的宝物，虽然这块玉的实际价值并不高，但是每每见到自己心爱的东西时，玉的主人还是满心欢心，满眼的满足，这种感觉便是没有自己兴趣爱好的人难以体会到。因为有这种感觉，就算是一种白纸，也能成为人们心中的无价瑰宝，也能带给人们无限的快乐与满足！

找回失去的童心

时间在我们渴望长大中似乎过得很慢，而在我们长大后的回首中又太快。假如有人问人生何时最快乐，恐怕绝大多数人都会说童年。记忆深处的童年里，捉迷藏、放风筝、修房子、踢毽子、扔沙包、跳橡皮筋、过家家、堆沙堡……五彩斑斓，绚烂夺目，充满了欢笑和阳光，

郑智化在《水手》中唱：长大以后，为了理想而努力。我们的心中逐渐有了理想，有了诱惑，开始忙忙碌碌，心事也多了起来。

相比大人来说，儿童可说是最懂得享受人生的专家了。有一天，年轻的妈妈问9岁的女儿："孩子，你快乐吗？"

"我很快乐，妈妈。"女儿回答。

"我看你天天都很快乐"

"对，我经常都是快乐的。"

"是什么使你感觉那么好呢？"妈妈追问。

"我也不知道为什么，我只觉得很高兴、很快乐。"

"一定是有什么事物才使你高兴的吧？"妈妈锲而不舍。

"嗯……让我想想……"女儿想了一会儿，说："我的伙伴们使我幸

福，我喜欢他们。学校使我幸福，我喜欢上学，我喜欢我的老师。还有，我爱爷爷奶奶，我也爱爸爸和妈妈，因为爸妈在我生病时关心我，爸妈是爱我的，而且对我很亲切。"

这便是一个9岁的小女孩幸福的原因。在她的回答中，一切都已齐备了——和她玩耍的朋友（这是她的伙伴）、学校（这是她读书的地方）、爷爷奶奶和父母（这是她以爱为中心的家庭生活圈）。这是具有极单纯形态的幸福，而人们所谓的生活幸福亦莫不与这些因素息息相关。

有人曾问一群儿童"最幸福的是什么？"结果男孩子的回答是："自由飞翔的大雁；清澈的湖水；因船身前行，而分拨开来的水流；跑得飞快的列车；吊起重物的工程起重机；小狗的眼睛……"而女孩子的回答是："倒映在河上的街灯；从树叶间隙能够看得到红色的屋顶；烟囱中冉冉升起的烟；红色的天鹅绒；从云间透出光亮的月儿……"

看，童心是如此纯净、如此容易得到满足！我们也曾经那样快乐与幸福，只是岁月砂轮的磨砺，使我们失去了天真烂漫的本性，失去了那份无邪的童心，或许这就是我们不快乐、不健康的重要原因。

长大了，难免会变得世俗，这个时候，看世界的眼光就会发生变化，原来那纯净的心灵也会受到污染。这个时候，我们一定要维系一颗童心，保持一份纯真，只有这样你才能够时刻感受到生活的美好，把握住身边的幸福。

以一颗童心面对世界，以一颗童心感受幸福，这也是很多成功人士一直以来对人生对幸福的真切感受。

无意中在一档综艺节目中看到一个年过70岁的奶奶跳街舞，跳的还很好看，当一曲结束后，主持人惊讶地问她："你是怎么想着要学年轻人的街舞呢？"

那位奶奶说："我觉得自己也不老啊，我经常会去关注年轻人的东西，像这个街舞，还有一些游戏，漫画书我都喜欢……"

老奶奶年过 70 岁还是那么有朝气有活力，带给人那么多欢声笑语，这其实完全要归功于她那颗童心，因为童心她活得异常开心，身体也比一般 70 岁以上的老年人硬朗很多。

我们还能够找回失去的童心吗？答案是能的。找回童心，也不是多么复杂的事情。古人云："童子者，人之初也；童心者，心之初也。夫心之初岂可失也！"我们若能鄙尘弃俗，息虑忘机，回归本心，便就是找回了童真、童趣与童心。这样，我们就会形神合一，专气致柔，纯洁无邪，通达自守，并且使我们内心与外在均无求而自足。

罗杰沮丧地从公司大门走出来，他看了看手机，记下了今天的日期和时间，对他来说，这是他一生当中最倒霉的一天。

早上的时候，迟到了，拼命赶地铁的时候撞见女友上了一个老男人的豪华轿车，就这样结束了一年多的感情；拼命感到公司后，例会已经开完，被上司叫到办公室训话，因为女友的事儿，心里难受和上司顶撞了几句便被开除了。

罗杰想着今天上午的种种遭遇，难过极了，在离公司不远的一个公园里闲逛，有些累了，便找了一处安静的地方坐了下来，越想越难过，甚至有种想哭的冲动，"我的生活真是糟透了！"罗杰一边说一边自言自语道，然后他抱着头低吼了好几声。

这个时候，远处一个正在和小伙伴玩耍的小男孩听了罗杰的低吼，他犹豫了一会儿，从地上摘了一朵花，叫上一个小伙伴来到罗杰的面前。

"你好，这朵花送你好吗？"小男孩小声地说。

罗杰看了花一眼，已经开败了，心理更难受，就没有回答，但男孩又问了一句，朝着罗杰旁边的位置晃了晃手里的花朵，罗杰以为小男孩在作弄他，因为，旁边的位置根本没有人，为什么男孩还要对着那个空位置说话呢？于是，罗杰抬起头，刚想说什么，却一瞬间什么都说不出来了，因为他看到，那个男孩是一个盲人。

罗杰的心被震颤了一下，他接过花，男孩笑了说："花很美对吧，我就知道你会喜欢，不过有件事儿，您能原谅我吗？"

"什么事儿？"罗杰不解地问

"我妈妈说遇到需要帮助的人要即时帮助，刚刚我听到你的哭声，却犹豫了一会儿，你知道，我和我的朋友玩得正好，你能原谅我迟疑了一会儿才送花给你吗？"小男孩天真地说

"谢谢你，这是我见过最美的花。"罗杰说完，小男孩笑了，然后和另一个男孩一起走到另一边去玩耍了。

罗杰看着手里的花，是的，它开败了，但是它却是最美的，罗杰拍拍身上的尘土，站起来，深吸一口气，此时的他觉得这个世界美极了，今天再也不是什么倒霉日，而是一个全新的开始。

生活本该是五彩缤纷的，有美好的暖色调，也会有带来伤感的冷色调，成人眼里的世界，总是有那么多的条条框框，限制了我们的思想，遇到冷色调，我们就会自怜自爱。事实上，任何一种颜色都是值得开心

的，此时，如果我们能像孩子一样，用新鲜的眼光看待这个世界，就不难发现生活中的美好。

幸福从来没有固定答案，也从不会一成不变。只有那些善于发现、懂得用心感受的人，才能感受到幸福。幸福对于每个人来说都是一样的，它不是奢侈品，没有门票，需要的只是一颗纯净的童心。

别把自己逼得太紧

很多人为了事业的成功只会工作而很少会娱乐，每天都像机器一样忙碌的运转着，生活中各种各样的娱乐场所从没有感受过。这样的人，或许有人说他是个会生活的人，但实际上，他只能算是一个不懂生活而忙碌生活的人

这个世界上，无论男人女人，无论处于何种生活状态，娱乐都是必不可少的，换言之，适当的娱乐才能帮助我们更好地享受生活。

居里夫人算得上是成功的女性吧，但她却把娱乐定为是除了工作之外第二重要的事情，因为在娱乐中，她可以得到更好的放松，没准还能迸发出新的创意和想法，这些都是促使她成功的因素之一。

作为新时代的我们，想要获得成功与幸福，那么就要做一个会生活的人，做一个工作与娱乐兼顾的人。因为科学证明，适当的娱乐有助我们更好的投入到工作之中，换言之，娱乐并非浪费时间的事情，而是一种很有意义和价值的事情，我们能从娱乐中获得很多益处及更多生命的

资本。

这是最简单易懂的道理，看着那些不懂得这些道理的人，每天面对着大量的工作，为烦恼琐碎的事情发愁，显然，他们太需抽出些时间娱乐一下啦，不然，时间一长，这些人必定头昏眼花，各个没精打采，三十岁的年龄却背着 50 岁的身体，很难再享受到生活之中的幸福与快乐。

懂得生活的人，会不惜代价地为自己找寻可以休闲娱乐的时间，这样一来，假期一结束你又能看到他们神清气爽，精神饱满的样子了，他们简直就像是一个新人，不再感觉到疲惫与厌倦，而是充满了幸福与快乐。

花掉一些时间可以让你重获充沛的经历，使你更能去面对解决生活中可能出现的问题，对生活对工作都会有一个全新的认识和愉快的感觉，这难道不是一项每个人都该去实践的项目吗？

在快节奏的生活中，我们更应该懂得善待自己，就算再忙也要抽出一些时间痛痛快快的娱乐一回，彻彻底底地让自己放松一回，相信你定能"玩"出一个好心情。

当然，娱乐休闲不是放纵，不是疯玩，而是需要在休闲的基础上有所收获，不仅仅是打打球，唱唱歌、健健身或游泳，也包括听听音乐，看看书，只要能让你放松的方式都可以。

我们要学会把生活化繁为简，懂得为自己的生活寻找乐趣，为自己生活减压，每个人都要懂得适时去娱乐，这样才能在放松身心之后更好地为明天奋斗，更好地为幸福拼搏！

"自然而然"地活着

顺其自然是一种乐天达观的境界，更是对自我人生的尊重，也是更好地适应社会，适应生活的良好心态。

曾经有一位智者，他家的庭院前面有一大片空地，一日他的一个朋友来访，见了便对智者说："你家的庭院有那么一大块空地，一直空着很可惜，不如种点花草装点一下吧！"

智者笑着说："随时。"

因为朋友要在智者家中住上一段日子，便开始替智者张罗起种花草的事情，没想到撒种那日，突然刮起风来，很多种子刚洒在地上就被吹走了，于是朋友无奈地对智者说："风很大，把种子都吹走了，白撒了。"

智者却说："没事儿，被风吹走的多半都是不能发芽的，能发芽的种子多半都在地上。随性。"

谁想到，下午，鸟儿落在地上，吃了一些种子，朋友拿起竹竿哄鸟，还叫智者一起来帮忙，智者依旧坐在原地没有动，只说："种子足够多，鸟儿吃不完，随遇吧！"

半年后，智者的朋友在来到智者家，正赶上那片地上的小草开花，一片片红花，朋友高兴极了，连忙拉着智者出来看，智者只淡淡的微笑，说："随喜！"

也许你刚看到这个故事，会觉得这个智者大脑有问题，什么事情都一副随便的态度，但事实上，正是这位智者智慧的表现。也正是生活的本质，没有事情能够完全圆满，也没有事情是彻底的坏，每个人的一生总要经历无数坎坷，而坎坷过后总要迎来短暂的安逸，但这一切都不是绝对的，固定的。

在慢慢人生之中，遭遇挫折并不可怕，因为没有战胜不了的挫折，问题的关键在于你对待那一切不如意事情时的心态。

智者看到种子被风吹走没有着急，而是想到，能被风吹走的种子一定是重量相对轻，质量不好的，那么，留在地上的种子定是能够发芽的饱满的种子，这何尝不是一种达观、一种洒脱呢？

这种洒脱不是造作的表现，而是来自内心的豁达与平和。豁达平和的人懂得，没有必要为了生活中的不平坦而耿耿于怀，他们不会再在意成与败，而是更懂得自然而然地看待生活，享受生活。

懂得自然而然生活的人，通常能够抱着平常心去看待周围的一切，对于世间的种种总能多付出一些宽容与理解。自然而然地活着，让我们更了解自身和外界之间的关系，因为自然而然，所以，我们更能看得开，"既然这样，那么就这样吧！"这是一种人生的境界，不是放任自流，更不是"破罐子破摔"，而是更懂得取舍。

现实中，能做到这样的人其实少之又少，因为我们无法做到自然而然，我们没有办法真的随遇而安。我们总是自作聪明的认为，我们可以控制更多事情，于是，我们不顾一切，为了自己的目标，不达目的誓不罢休，但结果往往是聪明反被聪明误，不仅仅没能如愿以偿，还常常因此而失去了内心的平静，因此而焦躁不已。

这个时候，如果我们能够静下来换个角度想一想，结果可能会大不一样，这个世界上，太多的事情不是我们能左右的，该来的总是要来，这就好比人们常说的那句话——"是福不是祸，是祸躲不过！"如果我们能多给自己留一些空间，凡事多留一些余地，不要总是一副不达目的誓不罢休的态度，对待生活顺其自然一些，那么，这个世界便不会再有那么多抱怨，也不会再有不快乐的人了。

无论是在工作中还是生活中，我们都该用一颗顺其自然，能够自然而然生活的心态去面对，偶尔抱着"尽人事，听天命"的态度去面对人生，不要过分强求，也无须过分悲观，遇到我们可以改变的事情，我们就是付出一切也要去改变；但如果面对的是无法改变的事情，于此白白浪费力气，不如看开一些。对于人生之中的顺逆，不必太关心，一切都该顺其自然！

的确，能够乐享生活的人大都是心态平和的人，因为只有这样的人才能够发现生活中的美，才能够做到真正的乐享。同样的事物，不同的人有不同的认识，不同的感觉，因为不同的人有着不同的看待问题的角度，一个失意的人和一个春风得意的人看同一副风景，前者会觉得悲伤且索然无味，而后者则多半会认为那是美景，出现这样的结果，因为两人所处的心境不同，但风景是一样的，其实前者也可以获得后者的那种美好感觉，只要他愿意让自己换个角度去看待问题，保持平和的心态对待生活中的那些挫折，不强求，不悲观，懂得自然而然的道理，那么，他也可以获得快乐，乐享自己的生活。

自然而然的生活，是一个人的智慧所在，这样能够顺应事物，进而能够把握住事情的规律，反过来去掌控人生。也只有做到自然而然的人，才能有所得，不会终其一生最后一无所有。

不要对生活抱有太多的担忧，顺其自然的生活，凡事不必强求，在自然而然中，你会得到更多！

自由，让心飞出去

当你问很多人他们最渴望的事情时，往往会有这样一种答案，那就是自由，这不是身体上的自由，而是心灵上的自由，不必为生活而烦恼，不必违心的生活。然而，很多人不了解，其实，每个人的心都是自由的，这就好比"人之初，性本善"的道理，至于为什么那么多人感叹心太累，那一定是因为他自己锁住了自己，不做一个自筑牢狱的庸人，把自己释放出来，幸福会和你有个约会。

好心态不是一个瞬间，而是一个过程，如何让自己找寻到幸福真谛、感受到世界的美好呢？这需要你不断地从生活中积累经验，勇敢地尝试以及面对新的事物，保持一个乐观的心态轻松快乐地对待每个人、每件事儿、每一天。不要给自己太多的"不能、不行、不可以"，不要捆绑自己的心灵，要勇敢地向前走，只有懂得享受生活的人，才能感受到生活给予他的美好与快乐。

不要给自己的心灵上锁，如果你能够凡事都看淡一些，那么，你的生活无疑会轻松很多。很多时候，束缚我们并非外界的压力，常常是我们本人，因此，如果我们想收获轻松的生活，那么，首先要学会自我释放，让自己跳出心灵的圈子，活得恬静一点、洒脱一点。

有两个人一起去徒步旅行，回来后，人们分别问他们的感受，第一个人回答说："这一路上简直倒霉死了，不仅天气炎热，而且住的地方条件非常差，大部分都是山路，令我无法忍受的是，竟然连纯净水都没有，喝的水，我亲眼看到有人用它洗衣服，我想我再也不会去那个地方了，而且，我要马上去医院做检查，以防我吃坏了肚子患上疾病……"

听完第一个人的话，估计没人想去那个地方旅游，那就是噩梦，不过先别着急，还有第二个人没有回答。随后，人们要去问第二个人，没想到他是这么说的："天啊，那是我去过最美的地方，虽然天气炎热，但是住在村里人家里却感到很舒适，一路上基本都是山路，你能随处看到绿色的树和各色的花，真是美不胜收。最让我难忘的是那里的山泉水，很甜很可口，那也是村里人的生命水，人们上游的喝水，下游的水洗衣农用，很淳朴的生活，而且为了纪念我还装了一瓶水回来，我觉得，那个地方值得人们一去！"

诧异吗？你肯定开始怀疑他们是否去了一个地方，但是很肯定，的确是一个地方，只不过心态不一样罢了，第一个人总是在抱怨，没有办法把心情沉淀下来。因而，看到什么都觉得不好，觉得烦躁；而第二个人则不同，他懂得了随遇而安，将自己融入那里的生活中，怀着平和的心态去面对一切，自然觉得轻松，感到快乐了。

生活中，我们缺少的恰恰就是第二个人的那种心态，现实里，我们看惯了日升月落，春秋代序，习惯了四季交替的冷暖世象，但是，我们却很难看淡自己的人生，很难平和地看待生活周围一切，尤其是对令我们难过或不开心的事情更难看淡。

很多时候，我们奋力去寻找生活中的快乐与幸福，常常一无所获，由此开始抱怨生活，驻足不前，但其实，当你抬眼望去，你便会很容易地发现，这个世界的一切和你快乐时的世界丝毫没有不同，只是你少了发现快乐的眼睛，细细想来，其实你完全可以很幸福。

有一个年轻人，感到自己的生活很苦闷，没有快乐，便决定要去寻找快乐，在途中，他先遇到了一个男孩，男孩牵着自己的大黄狗，在家门前的小路上快乐地跑着，年轻人走过去叫住了男孩，问他可以告诉他如何快乐吗？男孩把大黄狗交给了年轻人，"跟着他跑就会很快乐！"于是，年轻人学着男孩的样子在小路上来来回回地跑，可是除了累，他一点也不快乐。

年轻人继续寻找，在一个村子边看到了一个老人，他一边哼着小曲一边在播散种子，年轻人赶忙跑过去，问怎样得到快乐，老人给了年轻人一把种子说："播散种子的时候我最快乐，因为这意味着收获，你也试试吧！"

可是年轻人依旧不快乐，他只能继续寻找……

这个时候，年轻人遇到了一对下棋的老人，年轻人问他们怎么样才能快乐，其中一个老人笑了笑说："如果你继续向前走，翻过前面的山，你会在山上遇见一个白发的老者，他会告诉你快乐的秘诀！"

年轻人一听兴奋极了，马上朝着大山奔去。经过了很长时间的跋涉，他果然在山上遇到了那位白发老者，他向老者说明了自己的来意。

老者没有理会年轻人，而是直接问他："有人让你不快乐吗？"

"……没有，但是我感到很难过，我想找到办法解脱，而后获得快乐，正因为如此我才跋山涉水的来寻找快乐。"年轻人先是愕然，尔后回答。

"那有什么束缚你吗？"老者又问。

年轻人想了一会儿，他想不出什么事儿束缚了他，便摇摇头。

"既然没有人捆住你，又何谈解脱呢？"老者说完，摸着长髯，大笑而去。

不快乐的年轻人愣了一下，想了想，有些顿悟：对啊！没有任何人或事情束缚我，那我跋山涉水的寻找解脱与快乐，不是自寻烦恼吗？

年轻人正欲转身离去，忽然面前成了一片汪洋，一叶小舟在他面前荡漾。

年轻人急忙上了小船，可是船上只有双桨，没有渡工。

"谁来渡我？"少年茫然四顾，大声呼喊着。

"请君自渡！"老者在水面上一闪，飘然而去。

年轻人拿起木桨，轻轻一划，面前顿时变成了来时的小路，来时遇到的人依旧那么开心地做着自己的事情，年轻人玩儿一些，快乐的上路了。

还等什么，你也想做那个寻找解脱与快乐的年轻人吗？其实解救你的方法就在你的手上，快乐无处不在，没有人困住你让你远离快乐与幸福，阻碍你的只有你自己。如果你还是自寻烦恼，那么，你只能永远停留在荒无人烟的"小舟"上，只因为你不懂得伸出双手，"划"出一片自己的人生。

每个人都该知道，幸福是一种觉悟的境界，源自平和的心态，有的人之所以能够活得快乐无忧，没有烦恼，并非上天的眷顾，而是他们自己努力的结果，因此，如果你也想获得幸福与快乐，那么，你首先要做的应是沉淀心情，平和地去面对人生，达观的生活……

走你的路，让别人说去吧

与其做一粒微尘不如放手去活一回，做一个走自己路的人。虽然生活中，你要扮演太多的角色，很不容易，也很辛苦，在这样的情况下，你渴望有一个人来给你指引方向，但你也要知道，别人的意志始终代表不了你的想法，与其让自己辛苦地活在他人的意愿之中，不如活在自己的想法之中。做一个走自己的路的人。

心理学中有这样一个效应，叫作"他人意志"效应，什么意思呢？就是说，当一个人在心里已经决定一件事儿或是对一件事情已经有了一个较为清楚的认同后，当他身边的朋友超过半数都和他意见相左时，他便会改变自己的想法，甚至是行为，但事实上，他原来的看法才是正确的，由此我们不难看出，坚持自我也是很重要的事情。

坚持自己的主见，对于我们来说格外的重要，为什么呢？因为人都是感性的，有时候自己已经做好的决定，就因为别人的几句话就会轻易改变。对大多数人来说，做决定难，坚持自己的决定更难，过于自信是自负，但是盲目听从他人的意见就是糊涂，虽然，有些时候，你的决定会被大多数人否定，但对你自己而言，却都是根据自己的情况而判断出来的，毕竟，最了解自己的人只有你，更何况真理源自少数人，之后才会被多数人所接受，与其人云亦云，不如坚持自己的决定，做一个少数发现真理的人！

很多人因害怕失败，不愿意承担失败的责任，因而更容易被他人的意见左右，但如果，你做什么事情都要他人点头认同，那你想的事情通常就如同没想一般，绝不会有什么大作为或是成就。

所以说，与其做一粒微尘不如放手去活一回，做一个走自己路的人。虽然生活中，你所要扮演太多的角色，很不容易，也很辛苦，虽然在这样的情况下，你渴望有一个人来给你指引方向。但你也要知道，别人的意志始终代表不了你的想法，与其让自己辛苦地活在他人的意愿之中，不如活在自己的想法之中。做一个走自己的路的人，你所需要面对的事情有很多，最重要的一点就是一定不能人云亦云，要理性对待周围人的意见。

这一点尤其是对于在职场中打拼的我们而言尤为重要，拥有主见的你更容易获得上司的赏识，也会在自己的奋斗中收获同事们的肯定与尊重。对于职场中的你我而言，主见对你来说就像是汽油之于汽车，有了它你才能更好地驰骋在人生之路上，才能让你的上司清楚地知道你的能力，才能赢得他人对你的信任和尊重。

孟晖大学毕业了，现在他和很多毕业生一样，忙着找工作，不过幸运的是，没过多久，他就在一份国企找到了一份工作，他奉行不耻下问的原则，谨慎认真地对待每件事情，几乎所有的工作他都要咨询一下身边的同事。刚开始同事们对于多新员工还关照，会积极地解答孟晖的疑问，但没过多久，孟晖就发现，同事们都有意无意的躲避他的问题，而上司对他的看法也有所转变，安排给他的工作越来越少。

面对这样的情况吗，孟晖有点不知所措，回家后心情很不好，他的母亲看出了他的变化，就问孟晖是不是工作不顺利。于是，孟晖就把这几日所遇到的事情告诉了母亲，母亲说："这都是因为你缺少自己的主见造成的，你这样事事都依赖同事，一来会让他们看轻你的工作能力，二来也会影响你在公司的地位，所以啊，你应该尝试着自己去完成工作，而且现在你也走入社会了，你也应该知道，职场中的争斗也是很恶劣的，你只有有了自己的主见，按照自己的想法去做事情，才能避免走入他人为你设下的误区，也才能在上司面前更好的发挥自己的长处，展示自己的优点。"

孟晖听着母亲的话，心领神会，于是，从第二天上班起，他就开始努力改变自己依赖人的习惯，并积极地独立完成上司分配给自己的工作。在公司例会上也不会人云亦云，而是大胆地将自己的想看说出来，不仅工作能力得到锻炼，还给上司留下了非常好的印象，加上孟晖一向一丝不苟的工作精神，不出一年，他不仅提前转正还被提升为项目小组的组长。

其实，生活中，很多人在最初的就业阶段都会遇到如孟晖一样的问题，他们大都很聪明，是父母眼中懂事的孩子，对自己的要求很高，渴望能够在自己的工作范围中脱颖而出。但又惧怕尝试，害怕做错，习惯了事事询问他人的意见，依赖性很强，总是渴望能够听从经验之谈，却完全忽略了自己的决策能力和思考能力。长此以往，他们很容易在工作中成为他人的配角，辛苦的工作得不到应有的回报，反而成了为他人做的"嫁衣"，无法实现自己原有的理想与抱负。

我们要有自己的主见，尽管听从他人的经验之谈有时可以让你少走弯路，但那只发生在少数的事情上，如果你事事都人云亦云，踏着别人的脚印前进，不仅会丧失生活的能力，还会掩埋自己的光亮，让自己生活得庸庸碌碌。

现实中，如果你想要在事业上有所成就，在生活中挣破"弱势群体"的束缚，就一定要有自己的主见，或许，你的力量、独立性都比其他人差一点，但你依旧要坚持自己的原则，过自己的生活。

要做有主见的人，独立的面对生活、工作中的事情，坚持自己的观点，如果你已经思前想后，权衡利弊，那么，走你的路让别人说去吧，即便你可能会因某事情犯错，但你也用自己的力量证明给所有人看，你是一个独立、有主见的人，你完全有能力以自己的能力去创造属于自己的幸福。

做一个敢于走自己路的人，独立的决定自己的事情，为自己的生活喝彩，这样，你会赢得更多的快乐与成功，收获幸福的人生！

把忧虑抛到脑后

柴米油盐样样贵，下岗失业天天有。人的一生，总会有一大堆或大或小的烦心事。乐观的人今天失业会想着明天也许能找一个更好的工作，因而走出烦恼的苦海。悲观的人却会因为今天在岗、明天可能失业而忧虑不止。

心理忧虑，是很多人无法摆脱的一种苦痛。其原因有二：一则是竞争压力太大，二则是没有良好的心理处方。聪明的人处理忧虑的办法很简单："我还没有到最坏的境地，因此我应当快乐起来！"

在美国的科罗拉多州长山的山坡上，躺着一棵大树的残躯。自然学家告诉我们，它有400多年的历史。初发芽的时候，哥伦布刚在美洲登陆。在它漫长的生命里，曾经被闪电击中过14次，400多年来，无数的狂风暴雨侵袭过它，它都能战胜它们。但是在最后，一小队甲虫攻击这棵树，使它倒在地上。那些甲虫从根部往里面咬，虽然它们很小，但却是持续不断地攻击，渐渐伤了树的元气。这样一个森林里的巨人，岁月不曾使它枯萎，闪电不曾将它击倒，狂风暴雨没有伤害它，而一小队可以用大拇指跟食指捏死的小甲虫却使它倒了下来。

人不就像森林中的那棵身经百战的大树吗？也曾经历过生命中无数狂风暴雨和闪电的打击，但都撑过来了，可是心却会被忧虑的小甲虫——那些烦心小事所咬噬。

事实上，要想克服一些琐事引起的烦恼，只要把看法和重心转移一下就可以了——让你有一个新的、开心的看法。

一位在"二战"中九死一生的美国水兵曾回忆说：

"1945年3月，我在中南半岛附近276英尺深的海下，学到了一生中最重要的一课。当时，我正在一艘潜水艇上。我们从雷达上发现一支日军舰队——一艘驱逐护航舰、一艘油轮和一艘布雷舰正朝我们这边开来，我们发射了3枚鱼雷，都没有击中。突然，那艘布雷舰直朝我们开来（一架日本飞机把我们的位置用无线电通知了它）。我们潜到150英尺深的地方，以防被它侦察到，同时做好应付深水炸弹的准备，还关闭了整个冷却系统和所有的发电机器。

"3分钟后，日本的布雷舰开始发射深水炸弹，天崩地裂，6枚深水炸弹在四周炸开，把我们直压到海底——276英尺的地方。深水炸弹不停地投下，整整15个小时，有二十几枚炸弹在离我们50英尺近处爆炸，如果深水炸弹距离潜水艇不到17英尺的话，潜艇就会被炸出一个洞来。当时，我们奉命静躺在自己的床上，保持镇定。我吓得无法呼吸，不停地对自己说：'这下死定了。'潜水艇的温度几乎有40摄氏度，可我却全身发冷，一阵阵冒冷汗。15个小时后，攻击停止了。显然那艘布雷舰用光了所有的炸弹后开走了。

这15个小时，我感觉好像是1500万年。我过去的生活一一在眼前浮现，我记起了做过的所有的坏事和曾经担心过的一些很无聊的小事，我曾担忧过：没有钱买自己的房，没有钱买车，没有钱给妻子买好衣服。下班回家，常常和妻子为一点芝麻大的小事而吵嘴。我还为我额头上一个小疤——一次车祸留下的伤痕发愁。

多年之前，那些令人发愁的事，在深水炸弹威胁到生命时，显得那么荒谬、渺小。我对自己发誓，如果我还有机会再看到太阳和星星的话，我永远不会再忧愁了。在这15个小时里，我从生活中学到的比我在大学念4年书学到的还要多得多。"

这位兵在生命遭受严重威胁时开悟了。这种开悟的机缘并非人人都能碰上，也没有人乐意碰上。但通过他的故事，我们也应该有所感悟，不要再被一些小事搞得疲惫不堪而陷入烦恼之中。要使自己拥有一个成功的人生，必须将忧虑扔在脑后。

下面是艾尔·汉里的故事。

1929 年，汉里得了胃溃疡。有一天晚上，他的胃出血了，被送到芝加哥西比大学的附属医院里。三个医生中，有一个是非常有名的胃溃疡专家。他们说是"已经无药可救了"，只能吃苏打粉，每小时吃一大匙半流质的东西，每天早上和每天晚上都要有护士拿一条橡皮管插进胃里，把里面的东西洗出来。

这种情形经过了好几个月……最后，汉里对自己说："你睡吧，汉里，如果你除了等死之外没有什么别的指望了，不如好好利用你剩下的这一点时间。你一直想在死以前环游世界，所以现在就去做吧。"

当汉里对那几位医生说，他要环游世界，他们都大吃一惊。不可能的，他们从来没有听说过这种事。他们警告说，如果汉里开始环游世界，就只有葬在路上了。"不，我不会的。"汉里回答说，"我已经答应过我的亲友，我要葬在尼布雷斯卡州我们老家的墓园里，所以，我打算把我的棺材随身带着。"

汉里真的去买了一具棺材，把它运上船，然后和轮船公司安排好，万一去世的话，就把尸体放在冷冻舱里，一直到回老家的时候。

从洛杉矶上了亚当斯总统号船向东方航行的时候，汉里就觉得好多了，渐渐地不再吃药，也不再洗胃。不久之后，任何食物都能吃了——

甚至包括许多奇怪的当地食品和调味品。这些都是别人说吃了一定会送命的。几个礼拜过去之后，他甚至可以抽长长的黑雪茄，喝几杯老酒。多年来汉里从来没有这样享受过。后来在印度洋上碰到季风，在太平洋上遇到台风。汉里都挺过来了，他从这次冒险中得到很大的乐趣。

回到美国之后，他的体重增加了，几乎完全忘记自己曾患过胃溃疡，这一生中他从没有觉得像这样舒服。汉里从此工作，此后胃病再也没有犯过。

艾尔·汉里的经历告诉我们，他征服忧虑的办法就是：克服忧虑的最好医师就是自己。

别被"舆论"束缚了生活

其实，别人怎么说有什么关系呢？你过自己的生活，别人说他们的，这本是两回事儿，再说了，很多时候，别人对你的生活进行评价多半处于嫉妒，既是如此，你就更过好自己的生活，毕竟，你不是为了别人而活，何必为了取悦别人或得到对方几句赞许而跟自己过不去呢？

如果你去问一个人，他最在意什么，他会告诉你很多，比如，怕别人觉得他是一个一点也不绅士的人；怕别人觉得他很差、很成功；或者是在他人喜欢的眼里一文不值……

的确，我们所在意和我们生活中大部分人所在意的事情都一样，不外乎是谁说的，说了什么话，任何人的评价都能影响着我们，这在心理学上被称为"舆论"效应。

是的，就是舆论，一位心理学家就舆论对人们的影响做了这样一个有趣的实验，他找来两个志愿者，一位很帅很迷人，在他过去的20多年中他一直活在这样赞许的舆论之中；另一个人很平凡甚至有些丑陋，在过去的时间里，他一直过着其貌不扬没人重视的生活。

这两个人被安排到两个新的环境生活，科学家让住在帅气迷人的男人周围的人每天都告诉那个男人他长得其实一点也不帅气迷人；相反，让住在其貌不扬的人周围的人们告诉他其实长得非常迷人，半年后，科学家把这两个人带回实验室，观看他们半年来的实验录像，发现，帅气迷人的男人开始渐渐对自己失去自信，并且逐渐地开始怀疑自己的样貌、能力；而另一位呢？逐渐开始建立自信，甚至开始在心里认为自己就是一个那么受人欢迎的男人。

看吧，这就是他人舆论的作用，你能想象短短的6个月时间，它就可以改变一个人对自己的认知吗？或让一个自信满满的生活，或让一个开始怀疑自己的人生……

阿莱应该算得上是个优秀的男孩，就是有一点不好，太在乎别人怎么说他。大学毕业后，在毕业晚会上就因为一个同学酒后说阿莱穿西装的样子很可笑，从那之后，阿莱便不再穿西装，因为他总觉得，自己穿西装的样子很可笑。

很快，阿莱上班了，但上班后的他更在乎别人怎么看自己，怎么说自己，一次上班前，他的小表弟开玩笑说他有口味，结果一整天阿莱都为这件事儿而烦恼，不怎么敢跟别人说话，生怕被同事发现自己嘴有味，虽然他自己也觉得那可能只是小表弟的玩笑之谈，但他还是控制不住自己不去想。

后来，阿莱和一个女孩相恋了，女孩家里非常有钱，有好几次女孩开着自己的私家车来找阿莱，被公司一个同事撞见了，同事便在阿莱面前打趣道，说阿莱找了个富婆，以后再也不用愁了。从那天起，阿莱便告诉女友不要再来公司找他，生怕会被别人看见说闲话，他的女友感到很不解，两个人恋爱和身份有什么关系，而这又和别人怎么说有什么关系，但是阿莱执意要求，无奈，女友也只好妥协了。

阿莱就这样，每天活得小心翼翼，总是在围绕着别人意志过自己的生活，每天都过得战战兢兢，再后来，阿莱和女友分手了，因为他受不了他人的舆论，错过自己人生中难得的真爱。

其实，别人怎么说与自己没有什么关系。你过自己的生活，别人说他们的，这本是两回事儿，再说了，很多时候，别人对你的生活进行评价多半处于嫉妒，所以，你要过好自己的生活，毕竟，你不为了别人而活，何必为了取悦别人或得到对方几句赞许而跟自己过不去呢？

别人说你的衣服不好看，没关系，又不是穿给别人看，自己开心就最好；别人说你的工作没前途，没关系，工作是你的，只要你做的如意管他那么多；别人说，别人说，如果我们总是活在别人说的圈子里跳不出来，便注定要和我们的幸福生活擦肩而过。

孙燕姿一首歌中有一句歌词——"别人怎么说，心都碎了，还管别人怎么说……"生活中的我们也该学习一下这样的豁达，不过，我们不要到心都碎了才不去理会别人怎么说，而是要在我们的心还完整的时候拒绝活在他人舆论之中，过自己的生活，享受幸福，首先要记得，跳出别人的舆论，过自己的生活，活自己的人生。

你想要的还是原来的吗

一位智者曾说过："一颗种子可以孕育出一大片森林。"想要收获，必须要放入"种子"，然而在放入种子之前，我们必须要清楚自己想要得到什么，从而选对种子。换言之，我们只有弄清楚自己真正的需要才可以抛开那些可做可不做的事情，认真地思考自己一生中真正非做不可的那件事，让自己所有的能量都集中在这件事情上面，进而让自己的梦想成为现实，获取幸福。

生活中我们把绝大多数时间花在了对幸福的寻找之中，但当你去问这些人他们想要什么样的幸福时候，多半支支吾吾不能马上回答你，或者干脆告诉你："像谁谁那样就行！"可是，你是那谁谁吗？你真的确定谁谁的生活适合你吗？

其实，你被任何人都更清楚，你不确定，但是为什么还要拿别人的幸福人生做比较，作为标尺呢？因为你自己的心里对幸福没有一个确切的认识。

什么事情能让你感到幸福？你的梦想是什么？你最想要得到什么？你每天行色匆匆、忙忙碌碌地奔波于人生之路上。你甚至从来没有想过停下急匆匆的脚步，给自己一些思考的时间，然后扪心自问："我究竟想要什么，想要什么样的幸福？"

"你究竟要什么呢？"我们应该选择一个时间和地点，把它大声说出来。这对你寻找幸福来说意义重大，只有你明确自己的目的，了解自己的真正想要的东西，你才能够把坐标定下来，才能朝着那个准确的方向努力，才有可能成为一个幸福的人，和你所想的一样的幸福的人。

在卡耐基的书上曾经看到过这样一个例子，一个男孩，他的父亲是一个马术师，他经常要跟他的父亲一起去各个农场训练马匹，所以，没有多少时间能够安稳的静下来学习。

他在上四年级的时候，老师在暑假给每个孩子布置了一个作业，那就是写出你的梦想，写出你长大之后想要做的事情。

这个男孩非常认真的对待他的暑假作业，足足写了八篇纸，上学后，男孩高兴地把作业交给老师，以为老师会给自己一个好评，却在收到作业本的时候没看见老师的评语，正当男孩纳闷的时候，他被叫到老师的办公室。

在办公室，老师让男孩读出自己的这篇作文，男孩不知道老师究竟要干什么，便按照老师的意思，把作文读了出来，男孩说："我想要在长大之后建一个自己农场，这个农场比这个城市里的任何一个农产都要大，我会在农场的中央建造一所自己的别墅，我会和我的家人住在里面，别墅的后面是我的私人马厩，那里有很多训练很好的纯种马，农场的前面我会修一条很长很快的路，还要在农场里建造一个很大的游泳池……"

男孩还没读完，老师便打断了男孩的话，老师对男孩说："你现在知道我为什么没有给你任何评语了吗？"

男孩不解地摇摇头，老师有些生气了说："你难道不知道你在白日做梦吗？你的这些梦就是在幻想，你难道不知道建一所大农场需要很多钱吗？还在农场前修一条路，建一个游泳池，这不是在幻想吗？你到底有没有仔细地对待你的人生呢？回去重写一份吧！"

男孩觉得很委屈，回家后把这件事儿告诉了自己的父亲，父亲拍拍儿子的头笑着说："儿子，这有什么，这绝对不是幻想，只要你坚信这就是你要的幸福，并且毫不动摇地朝着你的梦想努力，就能实现！"

"那我还要重写一份吗？"男孩瞪着大眼睛问父亲，父亲只笑着说："这是你自己的事情，你自己决定吧！"

男孩想了一个晚上，最后决定还是把这份作业交给老师，即便老师在自己的作业上写不及格，他不会改变！

20多年过去了，这个男孩已经长大成人，你知道他住在哪里的时候，你一定会惊讶，他就住在自己的农场里，那个整个城市最大的农场中的别墅里，那个农场里有大大的游泳池，有很多纯种训练有素的马，农场的前面换有一条很大很宽的路……

一位智者曾说过："一颗种子可以孕育出一大片森林。"想要收获，必须要放入"种子"，然而在放入种子之前，我们必须要清楚自己想要得到什么，从而选对种子。换言之，我们只有弄清楚自己真正的需要就可以抛开那些可做可不做的事情，认真地思考自己一生中真正非做不可的那件事，让自己所有的能量都集中在这件事情上面，进而让自己的梦想成为现实，获取幸福。

诚然，弄清楚自己究竟想要什么，并不是一个简单的过程，需要我们不断地调整自己的目标，虽然这并不是一个顺利的过程，也不是轻轻松松就能做到的事情，相反，这期间我们可能会经历很多内心的挣扎与抉择，可一旦你确定了自己想要什么之后，你就能离幸福更进一步了。

对任何人来说，亲身去实践这个过程就是一次成长的机会。弄清楚自己真正要什么，这更是一种成熟的标志。从此之后，你再也无需将自己的热情和努力浪费在没有结果的事情上了，你会发现你的所有努力都为了一个明确的目标，你再也不是他人幸福成果的跟随者，而是自我幸福的开拓者！

用自己的曲子跳舞

生活中快乐的真谛不是跟随别人的脚步，而是坚持自己所要的，哪怕要面对短暂的质疑与困难，但却能够带给你真正的获得与快乐，这样你就能体验到生活之中真实的幸福。

"在当下这个社会上生活，太难了！"这是很多人历经生活不顺之后的感慨，尤其是当我们准备活出自己的时候，总是有太多的阻力，迫使我们不得不去改变，去适应……渐渐地，我们发现，我们迷失了自己。

的确，跟着别人的脚步走，按照别人跳过的曲子跳舞，势必要比我们自己一步一步去创造相对容易很多，但是这期间，你也会发现，在跟对别人步调的同时，我们的人生不再由自己控制了，相反，成了他人生活的复制品，一个只懂得跟着别人的曲子跳舞的人只能成为最优秀的伴舞者，但一个敢于跳自己曲子的人，却能成为最优秀的舞蹈家。

罗曼·罗兰说的那样："一个勇敢而率直的灵魂，能用自己的眼睛观察，用自己的心去爱，用自己的理智去判断；不做影子，而做人。"站在人生的十字路口，我们势必不可避免地面对无数的人生抉择：爱与被爱、悲伤与欢喜、痛苦与快乐、得到与失去……这个时候，谁都会犹豫、踌躇、举棋不定甚至左右为难。但是，如果我们能在此时心平气和地思考一下，问问自己心里的声音，不慌不乱，学会按自己的曲子舞蹈，那么，就会得到最真实最适合自己人生的答案！

陈伟是一个私营企业老板，他生活过得很有品位，穿的衣服都是时尚大牌，开的车也都是顶级的豪华轿车，他一心想要得到生活的幸福感与满足感。虽然他总是有着当下最潮流的东西，开车名车住着别墅，但是一旦当他静下来的时候，他却感到非常的孤独，甚至丝毫感觉不到快乐，于是，他决定停下手头上的工作，出去旅游，因为身边的朋友们告诉他旅游可以让一个人感到很放松，于是，他去了。

在去之前，陈伟又询问了朋友们什么旅游模式最好，因为现在流行原生态旅游，所以陈伟就把旅游目的地定在一个比较偏远的少数民族村子。想要进入这个村子，陈伟不得不步行三个小时走山路，进入了村子后，陈伟第一感觉就是很不可思议，因为这里与他平日生活的地方相差太远了，这里没有任何现代化的设施，就连电视都是黑白的，还不是每家都有，而且最多只有一两个频道。但是在这里待上一两天之后，陈伟发现，生活条件如此艰苦的人们却生活得无比的快乐，每天晚上，他们工作之余都会在村子空旷的地方生起篝火聚在一起唱唱跳跳，直到尽兴才归，从他们的神态中，陈伟看不到一丝一毫的忧愁，所能感受到的除了快乐，还是快乐。这让陈伟感到很诧异，这些人为什么会那么快乐，而他们又在为什么事情而快乐呢？

又过了一个晚上，这天陈伟没有待在房间里看这些村民开篝火晚会，而是走出房间也参与了进来，他坐在一个吹乐器的老村民旁边，当老村民停下来喝水的时候，陈伟问他："你们一直都这样吗？每天都这么快乐？"老村民没有立即回答，而是换了首曲子，对着起舞的村民们说，"让我们带上这位远来的客人一起舞蹈吧！"

说着，几个年轻的姑娘、小伙上来就把陈伟拉起来，带到舞池的中间，起初，陈伟有些尴尬，跟着身边村民的舞步，而后，他越跳越开心，完全放开了舞蹈，跳着自己想出来的舞步，村里的人看到陈伟那么高兴，也都学起了陈伟的舞蹈，大家一起开心的跳着，几首曲子结束后，陈伟回到老村民的身边："我很快乐了，现在。谢谢你！"

老村民笑着说："过自己的生活，跳自己的舞蹈，这就是我们快乐的原因！"

听着老村民朴实的话，一瞬间，陈伟突然有种恍然大悟的感觉，原来，这里的人之所以快乐并不是因为他们每晚上都开派对，而是因为他们懂得过自己的人生，按自己的拍子跳舞，从不盲目跟随别人的人生，哪怕在外人看来，他们的生活很乏味，别人的生活很精彩，但他们依旧坚持自己的生活，这便是快乐的真谛！

过自己的人生，跳自己拍子的舞蹈，这其实是一件既简单又复杂的事情，这就要求我们不要总是抬着头仰望别人的生活，而是试着平视自己的生活，爱我所爱，无怨无悔。按自己的曲子跳舞，就是一切随心，不去计较世俗中的得与失。

我们要知道，或许别人的生活在你眼里总是那么美丽多彩，但是在羡慕的同时，你也要知道，那未必是你的幸福。生活中快乐的真谛不是跟随别人的脚步，而是坚持自己所要的，哪怕要面对短暂的质疑与困难，但却能够带给你真正的获得与快乐，这样你才能体验到生活之中真实的幸福。

诚然，这不是一条简单容易的路，走上这条路，你需要付出更多的勇气和坚韧，但你也需铭记，这个世界中，但凡有所成就的人，都是那些对自己的目标始终坚持不放弃的人，也只有做到这些，才能笑到最后，开创属于自己的新天地。所以，为了幸福和快乐，切记，从心开始，做一个走自己路的人，按照自己的曲子跳舞……